高等学校电子信息类系列图书

西安培华学院学术文库

FPGA应用开发技术

田孝华　编著

西安电子科技大学出版社

内 容 简 介

  本书讨论了 FPGA 在数字逻辑电路、信号源、滤波器、中频调制等典型应用领域的设计与实现。全书共 8 章，分别为 FPGA 应用概述、FPGA 应用硬件平台、数字逻辑电路设计与 FPGA 实现、信号源设计与 FPGA 实现、FIR 滤波器设计与 FPGA 实现、IIR 滤波器设计与 FPGA 实现、DPSK 调制器设计与 FPGA 实现、数控振荡器及其应用。通过学习本书可以掌握 FPGA 典型工程应用的开发技术。

  本书内容编排由简单到复杂，由基带到中频，方便学习。本书既可作为电子信息类本科高年级的 FPGA 实训教材，也可作为 FPGA 开发人员的参考用书。

  ★本书提供完整代码，有需要的读者可在出版社网站下载。

图书在版编目 (CIP) 数据

FPGA 应用开发技术 / 田孝华编著. --西安：西安电子科技大学出版社，2024.6
ISBN 978-7-5606-7287-8

Ⅰ. ①F…　Ⅱ. ①田…　Ⅲ. ①可编程序逻辑器件—系统设计　Ⅳ. ①TP332.1

中国国家版本馆 CIP 数据核字(2024)第 103572 号

策　　划　李惠萍
责任编辑　李惠萍
出版发行　西安电子科技大学出版社(西安市太白南路 2 号)
电　　话　(029)88202421　88201467　　邮　编　710071
网　　址　www.xduph.com　　　　　　电子邮箱　xdupfxb001@163.com
经　　销　新华书店
印刷单位　陕西天意印务有限责任公司
版　　次　2024 年 6 月第 1 版　2024 年 6 月第 1 次印刷
开　　本　787 毫米×1092 毫米　1/16　印 张　10.75
字　　数　252 千字
定　　价　29.00 元
ISBN 978－7－5606－7287－8 / TP
XDUP 7589001－1
如有印装问题可调换

前　言

FPGA 自 1985 年问世以来，在电子系统中得到了广泛应用，现在已成为电子产品实现的常用技术。

在电子系统的传统实现结构中，FPGA 主要用于数字基带信号处理、数字逻辑控制以及与外设的接口。随着软件无线电技术的出现，FPGA 因为在速度方面的优势，其应用延伸到了中频频段，"FPGA+DSP" 技术与 "FPGA+嵌入式" 技术已成为现代电子系统的常规实现模式。随着电子实现技术的不断发展，在不久的将来高频部分采用 FPGA 实现也将成为可能。

本书详细讨论了 FPGA 在数字逻辑电路、信号源、滤波器、调制解调器等典型应用领域的设计与实现。本书具有如下特点：

第一，**实用性强**。书中内容结合项目展开，包括实现方案、实现技术、仿真验证以及实验结果测试等，编写的程序经过实验测试，可直接运用于工程项目的开发。

第二，**应用全面**。本书不仅讨论了数字逻辑电路与数字信号处理的 FPGA 实现，而且还详细研究了数字基带信号和模拟基带信号的 FPGA 产生、中频调制信号的 FPGA 实现，内容全面，覆盖面广。

第三，**详细讨论了 IP 资源的工程应用**。为提高 FPGA 应用的开发效率，FPGA 生产厂家以及第三方公司开发了大量的 IP 资源供用户使用。通常 IP 核的参数需要工程技术人员结合具体的应用场景以及专业知识进行正确设置，本书详细讨论了 IP 核在工程中的具体应用。

全书共分 8 章，各章内容概括如下：

第 1 章为 FPGA 应用概述，介绍了 FPGA 器件结构与编程配置、设计流程，并对 Verilog HDL 程序设计语言的程序结构、Quartus Ⅱ 开发工具、ModelSim 仿真工具以及 MATLAB 在 FPGA 设计中的应用进行了简单介绍。

第 2 章为 FPGA 应用硬件平台，介绍了本书所使用 CRD500 信号处理平台的结构与组成、FPGA 与板上资源的连接关系。

第 3 章为数字逻辑电路设计与 FPGA 实现，以 3-8 译码器的设计与 FPGA 实现为例，讨论了译码器工作原理、译码器设计与 FPGA 实现、FLASH 程序生成与下载等内容。

第 4 章为信号源设计与 FPGA 实现。首先讨论了数字基带信号源——m 序列的产生原理与 FPGA 实现；其次讨论了模拟基带信号源——MLS 测角信号的设计与 FPGA 实现，内容包括 MLS 测角原理、MATLAB 辅助 FPGA 设计与实现的步骤以及 MLS 测角信号的 FPGA 实现等。

第 5、6 章为滤波器的设计与实现。第 5 章在讨论 FIR 滤波器工作原理、MATLAB 辅助数字滤波器设计与实现步骤的基础上，以通信干扰低通滤波器设计为例，讨论了 FIR 滤波器的设计与实现。第 6 章以 MLS 测角滤波器设计为例，讨论了 IIR 滤波器工作原理、MLS 测角滤波器实现方案以及 MLS 测角滤波器设计与 FPGA 实现。

第 7 章为 DPSK 调制器设计与 FPGA 实现，内容包括 DPSK 调制原理、实现方案、实现步骤以及 DPSK 调制器设计与 FPGA 实现等详细内容。

第 8 章为数控振荡器及其应用。首先介绍了基于 NCO 的数字锁相环的应用；其次对 NCO IP 核的组成与输入/输出关系、实现架构、CORDIC 算法原理以及基于 IP 核的 NCO 开发流程进行了详细讨论；最后讨论了 NCO 在 PSK 与 FSK 调制器设计方面的应用。

在本书的编写与出版过程中，作者得到了西安培华学院领导的关心与支持，并给予了出版资助，同时西安电子科技大学出版社相关人员也给予了大量的帮助与支持，在此一并表示衷心的感谢。

由于作者水平有限，书中的疏漏与不足在所难免，恳请广大读者批评指正。

编　者
2024 年 1 月 25 日

目　　录

第 1 章

FPGA 应用概述

第一片 FPGA(Field Programmable Gate Array，现场可编程门阵列)自 1985 年推出以来，无论是器件性能还是开发工具均得到了飞速发展。相对于传统实现方式，FPGA 具有体积小、功耗低、可靠性高、速度快、保密性强、性能高、成本低等优点，并且能反复编程，设计灵活，有效缩短了开发周期，因此在电子系统中得到了非常广泛的应用。本章介绍 FPGA 应用的相关知识。

1.1 FPGA 器件结构与编程配置

1.1.1 FPGA 器件及其结构

FPGA 的广泛应用加速了器件性能提升，同时也涌现出了众多 FPGA 生产厂家。目前 Xilinx 公司和 Altera 公司的产品占据全球约 90%的 FPGA 市场。Xilinx 公司推出的 FPGA 产品包括 XC3000 系列、XC4000 系列、Spartan 系列、Spartan Ⅱ 系列、Spartan Ⅲ系列、Virtex 系列、Virtex Ⅱ 系列以及 Virtex-E 系列等，每个系列又包括多种型号，型号名称以"XC"开头(XC 代表 Xilinx 公司的产品)。Altera 公司的 FPGA 产品可以满足各种电子产品的设计需求，包括 FLEX10KE 系列、FLEX6000 系列、APEX20K/20KE 系列、APEX Ⅱ系列、Cyclone 系列、Arria 系列以及 Stratix 系列等，每个系列同样也包括多种型号，其中 Cyclone 系列为低成本 FPGA，Arria 系列为中端 FPGA，Stratix 系列为高端 FPGA。考虑到本书项目的硬件平台采用的是 CRD500 开发板，其核心芯片为 Cyclone Ⅳ系列的 EP4CE15F17C8 FPGA，因此下面以 Cyclone Ⅳ系列为例，简单介绍 FPGA 的主要片内资源与内部结构。

Cyclone Ⅳ器件为低成本、低功耗的 FPGA 器件，有 Cyclone Ⅳ E 和 Cyclone Ⅳ GX 两种型号：Cyclone Ⅳ E 器件不带收发器，可以在 1.0 V 和 1.2 V 内核电压下使用，比 Cyclone Ⅳ GX 具有更低的功耗；Cyclone Ⅳ GX 具有多达 150 K 个逻辑单元(LE)、6.5 Mb RAM 和 360 个乘法器，集成有 3.125 Gb/s 的收发器和 PCI Express(PCIe)总线的硬核 IP，适合低成本、便携场合的应用。Cyclone Ⅳ E 器件的主要片内资源如表 1.1 所示。由表可知，EP4CE15F17C8 器件有 15 408 个逻辑单元、504 Kb 嵌入式模块、56 个 18 bit × 18 bit 的乘法器、4 个锁相环，表中仅给出了最大用户 I/O 数，具体型号不同，其 I/O 数不同。另外，对于设计数字滤波器来说，其乘法器数量还是比较有限的。

表 1.1 Cyclone Ⅳ E 器件的主要片内资源

器 件	逻辑单元 /LE	嵌入式模块 /Kb	嵌入式 18 bit × 18 bit 乘法器	锁相环 /PLL	最大用户 I/O 数
EP4CE6	6272	270	15	2	179
EP4CE10	10 320	414	23	2	179
EP4CE15	15 408	504	56	4	343
EP4CE22	22 320	594	66	4	153
EP4CE30	28 848	594	66	4	532
EP4CE40	39 600	1134	116	4	532
EP4CE55	55 856	2340	154	4	374
EP4CE75	75 408	2745	200	4	426
EP4CE115	114 480	3888	266	4	528

器件命名各部分含义如图 1.1 所示。对于 EP4CE15F17C8 器件来说，"EP4C" 为系列标识，表示器件为 Cyclone Ⅳ系列；"E" 表示系列的变化，采用的是增强型的逻辑/存储技术；"15" 表示逻辑单元为 15 408 个；"F17" 表示封装，"F" 表示为 Fine Line BGA(FBGA) 封装，"17" 表示为 256 个引脚，即该器件为 FBGA256 封装；"C" 表示器件的工作温度范围为商业级；"8" 表示器件速度。

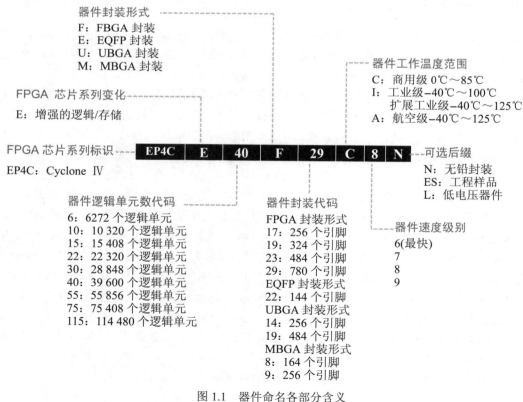

图 1.1 器件命名各部分含义

与大多数 FPGA 相同，Cyclone Ⅳ系列采用的也是查找表(Look Up Table，LUT)结构。Cyclone Ⅳ器件体系结构主要包括 FPGA 核心架构、I/O 特性、时钟管理、外部存储器接口、高速收发器(仅适用于 Cyclone Ⅳ GX 器件)等。FPGA 核心架构包括由 4 输入查找表构成的逻辑单元(Logic Element，LE)、存储器模块和乘法器。每一个 Cyclone Ⅳ器件的 M9K 存储器模块都具有 9 Kb 的嵌入式 SRAM(Static RAM)存储器，可以把该模块配置成单端口、简单双端口、真双端口的 RAM，以及 FIFO 缓冲器或者 ROM；Cyclone Ⅳ器件中的乘法器模块可以实现一个 18 bit × 18 bit 或两个 9 bit × 9 bit 的乘法器。

1. Cyclone Ⅳ的 LE 结构

Cyclone Ⅳ器件的基本逻辑块称为逻辑单元(LE)，LE 的结构如图 1.2 所示。由图可知，LE 主要由一个 4 输入查找表、进位链逻辑、寄存器链和一个可编程的寄存器构成。4 输入 LUT 用以完成组合逻辑功能，每个 LE 中的可编程寄存器可配置成 D、T、JK 和 SR 触发器，每个可编程寄存器具有数据、时钟、时钟使能、异步置数和清零信号功能。LE 中的时钟、时钟使能选择逻辑可以灵活配置寄存器的时钟与时钟使能信号。如果是纯组合逻辑应用，可将触发器旁路，这样 LUT 的输出直接作为 LE 的输出。每个 LE 的输出都可以连接到局部连线、行列、寄存器链等布线资源中。

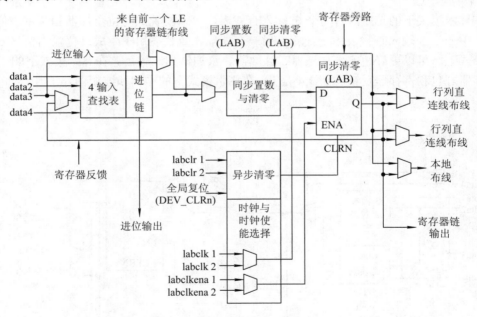

图 1.2　Cyclone Ⅳ器件的 LE 结构

Cyclone Ⅳ的 LE 有两种工作模式：普通模式和算术模式。在不同的 LE 操作模式下，LE 的内部结构和 LE 之间的互连有些差异。

(1) 普通模式。

普通模式下的 LE 适合通用逻辑和组合逻辑的实现，支持寄存器打包和寄存器反馈。图 1.3 是 LE 在普通模式下的结构和连接图。

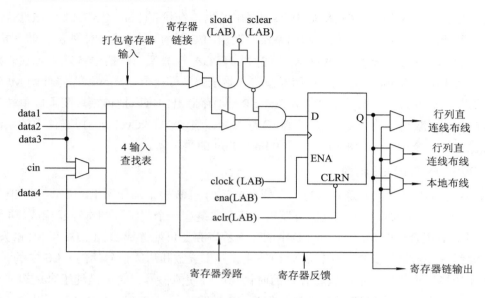

图 1.3　Cyclone Ⅳ器件的 LE 结构(普通模式)

(2) 算术模式。

在算术模式下的 LE 内有两个 3 输入查找表，可以配置成一位全加器和基本进位链结构，其中一个 3 输入查找表用于计算，另一个 3 输入查找表用于生成进位输出信号 cout。在此模式下，可以更好地实现加法器、计数器、累加器和比较器。在算术模式下的 LE 支持寄存器打包和寄存器反馈。图 1.4 是 LE 在算术模式下的结构和连接图。

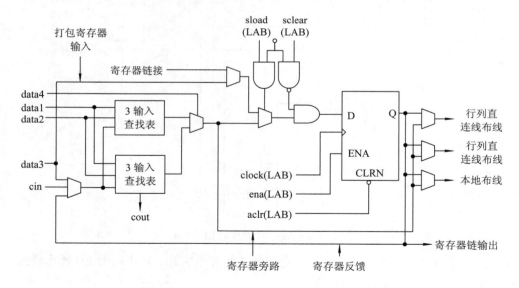

图 1.4　Cyclone Ⅳ器件的 LE 结构(算术模式)

2. Cyclone Ⅳ的 I/O 结构

Cyclone Ⅳ器件 I/O 支持可编程总线保持、可编程上拉电阻、可编程延迟、可编程驱动能力以及可编程 slew rate(压摆率)控制，从而实现了信号完整性以及热插拔的优化。Cyclone Ⅳ 器件支持符合单端 I/O 标准的校准后片上串行匹配或者驱动阻抗匹配。

3. Cyclone Ⅳ 的时钟管理

Cyclone Ⅳ 器件包含了高达 30 个全局时钟(GCLK)网络以及 8 个锁相环(Phase Locked Loop，PLL)，每个 PLL 上均有 5 个输出端，以提供可靠的时钟管理与综合。设计者可以在用户模式中对 PLL 进行动态重配置来改变时钟频率与相位。

Cyclone Ⅳ GX 器件支持两种类型的 PLL，即多用 PLL 和通用 PLL。其中，多用 PLL 主要用于同步收发器模块，当不用于收发器时钟时，多用 PLL 也可用于通用时钟；通用 PLL 用于架构及外设中的通用应用，如外部存储器接口，一些通用 PLL 可以支持收发器时钟。

1.1.2　FPGA 编程与配置

1. 在系统可编程

FPGA 器件都支持在系统可编程(In System Programmable，ISP)功能，即对器件、电路板或整个电子系统的逻辑功能可随时进行修改与重构。这种修改与重构可发生在产品设计、生产过程的任意环节，甚至可发生在产品交付后。在系统可编程一般采用 IEEE 1149.1 JTAG 接口进行。

Altera 提供了多种编程下载电缆，如 ByteBlaster MV、ByteBlaster Ⅱ 并行下载电缆以及采用 USB 接口的 USB-Blaster 下载电缆。目前用得最多的为 USB-Blaster 下载电缆(本书项目也采用这种下载电缆)，它与 Altera 器件的连接采用 10 芯的接口，其信号定义如表 1.2 所示。

表 1.2　USB-Blaster 下载电缆 10 芯接口引脚信号名称

引脚	1	2	3	4	5	6	7	8	9	10
JTAG	TCK	GND	TDO	VCC	TMS	—	—	—	TDI	GND
PS	DCK	GND	CONF_DONE	VCC	nCONFIG	—	nSTATUS	—	DATA0	GND
AS	DCK	GND	CONF_DONE	VCC	nCONFIG	nCE	DATAOUT	nCS	ASDI	GND

2. FPGA 器件的配置

FPGA 器件是基于 SRAM 结构的，由于 SRAM 的易失性，每次加电时，配置数据都必须重新构造。Altera 的 FPGA 主要有 JTAG 配置、AS 配置以及 PS 配置等三种方式：

(1) JTAG 配置方式(Joint Test Action Group Configuration Mode)用 Altera 下载电缆通过 JTAG 接口配置。

(2) AS 配置方式(Active Serial Configuration Mode)即主动串行配置方式，由 FPGA 引导配置过程，控制外部存储器和初始化过程。EPCS 系列配置芯片专门用于 AS 配置方式。在 AS 配置期间，FPGA 处于主动地位，配置器件处于从属地位；配置数据通过 DATA0 引脚送入 FPGA，被同步在 DCLK 输入上；1 个时钟周期传送 1 位数据。

(3) PS 配置方式(Passive Serial Configuration Mode)即被动串行配置方式，由外面主机(Host)控制配置过程。在 PS 配置期间，配置数据从外部存储器通过 DATA0 引脚送入 FPGA，在 DCLK 上升沿锁定；1 个时钟周期传送 1 位数据。

不同的配置方式所需的编程文件(下载文件)也有所不同，常用的编程文件如表 1.3 所示。

表 1.3 常用的编程文件

配置文件	JTAG	AS	PS	说　明
.sof(SRAM Object File)	√		√	编程电缆下载
.pof(Programmable Object File)		√	√	编程电缆下载或用配置器件下载
.rbf(Raw Binary File)			√	微处理器配置
.hex(Hexadecimal File)			√	微处理器配置或第三方编程器
.jic(JTAG Indirect Configuration File)	√	√	√	通过 JTAG 方式和 JTAG 接口将.jic 文件下载到 EPCS 配置器件。.jic 文件可由.sof 文件转换得到
.jam(Jam File)				编程电缆下载或微处理器配置

3. Cyclone Ⅳ器件的编程与配置

Cyclone Ⅳ器件支持多种配置方式，其中常用的是 AS、JTAG 以及 PS 三种，JTAG 配置方式与 AS 配置方式用得最多。在程序调试阶段，一般采用 JTAG 配置方式将生成的.sof 格式的数据通过 JTAG 接口直接下载到 FPGA 的 SRAM 中运行。在脱机运行阶段，采用 AS 配置方式将存储在配置器件 EPCS 中的.jic 格式的数据下载到 FPGA 的 SRAM 中运行。

Cyclone Ⅳ器件的配置方式由 MSEL 引脚设置确定。多数 Cyclone Ⅳ E 器件的 MSEL 引脚有 4 个，少数为 3 个，配置方式与引脚的电平关系如表 1.4 所示。考虑到 JTAG 配置方式与 AS 配置方式在实际应用中用得最多，下面介绍这两种配置方式的配置电路。

表 1.4 Cyclone Ⅳ E 器件 MSEL 引脚设置与配置方式的关系

MSEL3 引脚设置	MSEL2 引脚设置	MSEL1 引脚设置	MSEL0 引脚设置	配置方式
1	1	0	1	AS
0	1	0	0	AS
0	0	1	0	AS
0	0	1	1	AS
1	1	0	0	PS
0	0	0	0	PS
建议设置为 0000				JTAG

1) AS 配置方式

AS 配置方式主要用于采用串行 FLASH 配置器件配置 FPGA 的场合，配置芯片的选择与 FPGA 的容量有关。Cyclone Ⅳ器件可选择容量为 16M 的 FLASH 芯片 EPCS16 或与之兼容的 M25P16 作为配置芯片。采用 EPCS 对单个 Cyclone Ⅳ器件按 AS 方式进行配置的配置电路如图 1.5 所示。

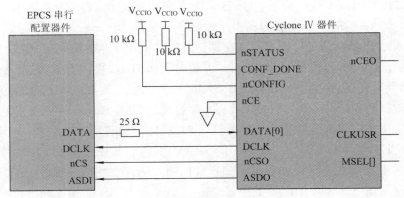

图 1.5　EPCS 按 AS 方式配置单个 Cyclone Ⅳ器件的配置电路

串行配置器件通过 4 个引脚(DATA、DCLK、nCS、ASDI)与 FPGA 相连。上电复位期间，FPGA 的 nSTATUS 与 CONF_DONE 均为低电平，表示未配置，复位时间持续约 100 ms，然后 nSTATUS 变为高电平、nCSO 变为低电平，配置使能。FPGA 的 DCLK 输出串行时钟，ASDO 输出控制信号，在串行时钟与控制信号的作用下 DATA[0]输出配置。当配置完成后，FPGA 的 CONF_DONE 变为高电平，FPGA 开始初始化，初始化一旦完成，FPGA 进入工作状态。

2) JTAG 配置方式

JTAG 配置方式是最基本也是最常用的配置方式，相对于其他配置方式，优先级最高。JTAG 配置方式既可以将 PC 上的配置数据下载到 FPGA 上在线运行，也可以通过 FPGA 器件的中转将数据烧写到外挂的 FLASH 配置芯片，实现配置数据的固化与脱机运行。

Cyclone Ⅳ器件的 JTAG 配置方式的实现电路如图 1.6 所示。FPGA 有 TDI、TCK、TDO、TMS 共 4 个专用引脚用于 JTAG 配置。其中 TDI 为配置数据串行输入端；TCK 为配置时钟，配置数据在 TCK 的上升沿移入 FPGA；TDO 为配置数据串行输出端，配置数据在 TCK 的下降沿移出 FPGA，以校准配置数据的准确性；TMS 提供控制信号，用于测试访问(Test Access Path，TAP)端口控制器的状态机转移。

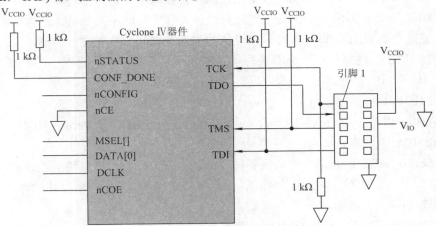

图 1.6　Cyclone Ⅳ器件 JTAG 配置方式实现电路

在 JTAG 配置方式配置完成后，Quartus Ⅱ软件通过检测 CONFIG_DONE 信号验证配置是否成功。当 CONFIG_DONE 为高电平时则表明配置成功，否则配置失败。

在 Cyclone Ⅳ器件的工程应用中，在调试阶段，采用 JTAG 配置方式将 Quartus Ⅱ生成的 .sof 格式的配置数据通过 USB-Blaster 下载电缆和 JTAG 接口下载到 FPGA，实现在线运行测试；当调试完成，得到满足工程要求的 .sof 格式的配置数据后，由 Quartus Ⅱ先将 .sof 格式的配置数据转换成 .jic 格式的配置数据，然后通过 USB-Blaster 下载电缆和 JTAG 接口以及 FPGA 的中转，将配置数据烧写到外挂的 FLASH 配置芯片 EPCS 中，实现采用 JTAG 方式对 EPCS 芯片的间接配置。与 FPGA 的 SRAM 不同，FLASH 的 EPCS 芯片中的配置数据在断电以后不会丢失，这样就实现了配置数据的存储。在脱机运行时(正常工作状态)，一旦加电，存储在 EPCS 中的配置数据首先由 FPGA 采用 AS 配置方式将其配置到 FPGA 中，直到配置完成，紧接着 FPGA 进行初始化，初始化完成后，FPGA 才进入正常工作。

无论是调试阶段采用 JTAG 方式直接配置 FPGA 还是调试完成后采用 JTAG 间接烧写 EPCS，均需要人工参与。而脱机运行时采用 AS 方式配置 FPGA 是自动完成的，不需要外部干预，并且每次重新加电都会自动重复 FPGA 配置、FPGA 初始化以及检查 FPGA 是否开始正常工作这一过程。

1.2 FPGA 设计语言

1.2.1 HDL 语言的优点

FPGA 的设计方式有原理图输入、状态机输入和硬件描述语言(Hardware Description Language，HDL)输入等。随着数字电路复杂性的不断增加和 EDA 工具的日益成熟，基于硬件描述语言的设计方法表现出其他方式无法比拟的优越性，成为大型数字电路设计的主流。HDL 输入方式是 FPGA 设计的最流行、最主要的输入方式，其优点如下：

(1) 使用 HDL，设计者可以在非常抽象的层次上对电路进行描述。

(2) HDL 不必针对特定的制造工艺进行设计，在设计时不需要考虑器件的具体结构。

(3) 通过使用 HDL，设计者可以在设计的初期对电路的功能进行验证。

(4) 使用 HDL 进行设计类似于编写计算机程序，带有注释的源程序便于开发与修改。

(5) HDL 设计通用性强、兼容性好，便于移植。

目前 HDL 的种类较多，主要有 VHDL、Verilog HDL、AHDL、SystemC、HandelC、System Verilog 以及 System VHDL 等，其中主流语言为 VHDL 和 Verilog HDL。VHDL 语言和 Verilog HDL 语言各有特点。

(1) Verilog HDL 语言是一种高级的硬件描述语言，有着类似 C 语言的风格，其中有许多语句和 C 语言中的对应语句十分相似，更加容易掌握，只要有 C 语言基础即可；而 VHDL 语言掌握却困难，需要有 Ada 编程基础。

(2) Verilog HDL 较为适合系统级、算法级、RTL 级(Register Transfer Level，寄存器传输级)以及门级的设计；而对于特大型的系统级设计，VHDL 更为合适。

对于集成电路(Integrated Circuit，IC)设计人员来说，必须掌握 Verilog HDL 语言，因为在 IC 设计领域，90%以上的公司都采用 Verilog HDL 语言进行 IC 设计，对于 FPGA 的开发者而言，两种语言可以自由选择。本书项目均采用 Verilog HDL 语言进行设计。下面对 Verilog HDL 语言进行简单介绍，具体内容可查看专门的书籍。

1.2.2　Verilog HDL 功能

Verilog HDL 于 1983 年首次提出，1995 年 IEEE 制定 Verilog HDL 的 IEEE 标准，先后有两个标准，即 IEEE 1364-2001 和 IEEE 1364-2005。

Verilog HDL 是一种用于数字逻辑的硬件描述语言，用 Verilog HDL 描述的电路设计就是该电路的 Verilog HDL 模型，它既是一种行为描述语言，也是一种结构描述语言。也就是说，所设计电路的 Verilog HDL 模型既可以用电路的功能描述，也可以用元器件和它们之间的连接描述来建立。Verilog HDL 模型可以是实际电路的不同级别的抽象，抽象级别主要有系统级、算法级、寄存器传输级以及门级。

一个复杂电路系统的完整 Verilog HDL 模型由若干个 Verilog HDL 模块构成，每一个模块又可以由若干个子模块构成。其中有些模块需要综合成具体电路，有些模块只是与用户设计的模块进行交互的现存电路或激励源。利用 Verilog HDL 所提供的这种功能可以构造一个模块间的清晰层次结构，从而描述极其复杂的设计，并对设计的逻辑进行严格验证。

Verilog HDL 语言功能如下：

(1) 可描述顺序执行或并行执行的程序结构。

(2) 用延时表达式或事件表达式来明确控制过程的启动时间。

(3) 通过命名的事件来触发其他过程里的激活行为或停止行为。

(4) 提供了条件、if-else、case、循环等程序结构。

(5) 提供了可带参数且非零延时的任务(Task)程序结构。

(6) 提供了可定义新的操作符的函数结构(Function)。

(7) 提供了用于建立表达式的算术运算符、逻辑运算符、位运算符。

(8) 提供了完整的一套组合型原语(Primitive)。

(9) 提供了双向通路和电阻器件的原语。

(10) 可建立 MOS 器件的电荷分享与电荷衰减动态模型。

Verilog HDL 的构造性语句可以精确地建立信号的模型，这是因为 Verilog HDL 提供了延时和输出强度的原语来建立精确度很高的信号模型。信号值可以有不同的强度，通过设计宽范围的模糊值可以降低不确定条件的影响。

1.2.3　Verilog HDL 程序结构

Verilog HDL 的基本设计单元是模块(block)，一个模块由两部分组成。其中一部分用于描述接口；另一部分用于描述逻辑功能，即定义输入是如何影响输出的。下面通过一个简单的程序对结构进行说明。

```
module block(a,b,c,d);
    input a,b;
```

```
        output c,d;
        assign c=a|b;
        assign d=a&b;
    endmodule
```

上面是采用 Verilog HDL 设计的一个简单程序，其中第 2、3 行说明了接口的信号流向，第 4、5 行说明了程序的逻辑功能，程序完全嵌在 module 和 endmodule 之间。

每个 Verilog HDL 程序都包括模块的端口定义和模块内容。

1. 模块的端口定义

模块的端口声明了模块的输入/输出接口，其格式为：

```
    module 模块名(接口 1，接口 2…);
```

2. 模块内容

模块的内容包括 I/O 说明、内部信号说明和功能定义。

I/O 说明的格式为：

```
    输入口：input 端口名 1,端口名 2,…,端口名 i;
    输出口：output 端口名 1,端口名 2,…,端口名 j;
```

I/O 说明也可写在端口声明语句里，其格式为：

```
    module 模块名(input 端口 1,input 端口 2,…,output 端口 1,output 端口 2,…);
```

内部信号说明是指在模块内用到的与端口有关的 reg 和 wire 变量的申明，如：

```
    reg    [width-1:0]R 变量 1,R 变量 2,…;
    wire   [width-1:0]W 变量 1,W 变量 2,…;
```

功能定义是模块中最重要的部分。在模块中可以采用 assign 申明语句、实例元件和 always 块来产生逻辑，例如：

```
    //采用 assign 申明语句
    assign a=b&c;
    //采用实例元件
    and and_inst(q,a,b);
    //采用 always 块
    always @(posedge clk or posedge clr)
    begin
        if (clr) q<=0;
        elseif(en) q<=d;
    end
```

需要注意的是，如果用 Verilog HDL 模块实现一定的功能，首先应该清楚哪些是同时发生的，哪些是顺序发生的。在上面的例子中采用了 assign 申明语句、实例元件和 always 块，这三种方式描述的逻辑功能是同时执行的。也就是说，如果将上面的代码放入一个 Verilog HDL 模块中，则它们的次序不会影响逻辑实现的功能，它们是同时执行，也是并发的。

在 always 块内，逻辑是按照指定的顺序执行的。always 块中的语句称为顺序语句。注意：两个或多个 always 块也是同时执行的，但 always 块内部的语句是顺序执行的。

1.3　FPGA 开发工具与设计流程

　　FPGA 的设计一般要经过设计输入、设计综合、功能仿真、设计实现(布局布线)、布局布线后仿真以及编程配置几个阶段。为了完成 FPGA 的设计，推出了 FPGA 开发工具。在众多的 FPGA 开发工具中，一部分只能在设计的某一阶段使用，如设计输入工具、逻辑综合器、仿真工具等；一部分则为集成的开发工具，能完成 FPGA 设计的所有功能，为技术人员提供了极大方便。集成的 FPGA 开发工具通常由 FPGA 芯片生产厂家提供，如 MAX+plus Ⅱ、Quartus Ⅱ是 Altera 的集成开发工具，在 Altera 被 Intel 公司收购后，Intel 又推出了 Quartus Prime；ISE 为 Xilinx 公司的集成开发工具，在 2012 年又推出了 Vivado 设计套件，也是集成的设计环境；ispLEVER Classic、Diamond 均为 Lattice 公司的 FPGA 设计环境。考虑不同厂家 FPGA 市场的占有量、集成开发环境的优越性等因素，本书项目的开发环境选用的是 Altera 公司的集成开发工具 Quartus Ⅱ 13.1。另外，ModelSim 软件尽管是一个专门用于 FPGA 仿真的软件，但能提供友好的仿真环境，且能独立运行，支持 VHDL、Verilog HDL，相比于 Quartus Ⅱ中的仿真，ModelSim 有许多优点，在技术开发人员中得到了广泛使用。本书中使用了 Quartus Ⅱ集成开发环境、ModelSim 仿真软件，本章中将介绍其使用及 FPGA 设计流程。

1.3.1　Quartus Ⅱ开发软件与下载器驱动程序的安装

　　Quartus Ⅱ是 Altera 公司的 FPGA 集成开发软件，支持原理图、VHDL、Verilog HDL 和 AHDL 等多种设计输入方式，可以完成从设计输入到硬件配置的完整 FPGA 设计流程，是可编程数字逻辑器件设计开发的理想平台。由于其强大的设计能力和直观易用的接口，受到数字系统设计者的欢迎。Quartus Ⅱ可以在 XP、Linux 以及 Unix 上使用，有完善的用户图形交互界面，具有运行速度快、界面统一、功能集中、易学易用等特点。

　　Quartus Ⅱ对第三方 EDA 工具具有良好的支持特性，用户可以在设计流程的各个阶段使用第三方 EDA 软件，如在仿真阶段可用 ModelSim 软件进行仿真。

　　Quartus Ⅱ支持 Altera 的 IP(Intellectual Property)核，包含 LPM/Mega Function 宏功能模块库。IP 原来的含义是指知识产权、著作权等，在 IC 设计领域，可将其理解为实现某种功能的设计，IP 核(IP 模块)则是指完成某种功能的设计模块。基于 IP 核的 FPGA 设计能充分利用成熟的模块来降低设计的复杂性，减小设计风险，缩短开发周期，为 FPGA 设计提供了极大便利。Altera 公司和 Intel 公司(Altera 已被 Intel 收购)常用的宏功能模块、IP 核包括以下几种。

　　(1) 数字信号处理类：DSP 基本运算模块，如快速加法器、快速乘法器、FIR 滤波器、FFT 等。

　　(2) 图像处理类：Altera 为数字视频处理提供的方案，包括旋转、压缩、过滤等应用，如离散余弦变换、JPEG 压缩等。

　　(3) 通信类：包括信道编解码模块、Viterbi 编解码、Turbo 编解码、快速傅里叶变换、调制解调器等。

　　(4) 接口类：包括 PCI、USB、CAN 等总线接口。

(5) 处理器及外围功能模块：包括嵌入式微处理器、微控制器、CPU 内核、UART、中断控制器等。

IP 核在 FPGA 设计中的应用将在项目中介绍。需要说明的是，有些 IP 核可免费使用，有些 IP 核受知识产权保护，使用时需要付费。

Quartus Ⅱ继 MAX+plus Ⅱ后推出，从 10.0 版本开始取消自带的波形仿真工具，改由集成其中的第三方仿真工具 ModelSim 完成仿真。从 Quartus Ⅱ 13.1 版本开始不再支持 Cyclone Ⅰ和 Cyclone Ⅱ。Quartus Ⅱ 13.1 也是支持 32 位操作系统的最后一版，之后的 Quartus Ⅱ只支持 64 位操作系统(Windows 7、8、10)。Altera 被 Intel 收购后，从 Quartus Ⅱ 15.1 开始改称为 Quartus Prime。考虑到 Quartus Ⅱ与 Quartus Prime 的设计界面相差不大，设计流程几乎相同，Quartus Ⅱ 13.1 同时支持32 位与 64 位操作系统，本书项目均在 Quartus Ⅱ 13.1 环境中开发。

为了实现 FPGA 设计，首先，按安装说明逐步安装 Quartus Ⅱ 13.1、ModelSim 仿真软件以及 Cyclone 器件库(注意安装的 Quartus Ⅱ 13.1 应确保所有 IP 核均能使用)；其次，安装 USB-Blaster 下载器驱动程序，以便 FPGA 编程与配置。在 Windows 7 下进行安装的安装步骤如下(Windows 其他版本下的安装与此类似)：

(1) 将下载线缆连接至计算机，打开设备管理器，找到并双击 USB-Blaster，在展开界面单击"更新驱动器"。

(2) 单击"浏览计算机以查找驱动程序软件"，找到 Quartus 安装目录下的 usb-blaster 目录。注意不要选 usb-blaster 下面的 x32 或 x64 子文件夹。

(3) 单击"确认"→"下一步"→"安装"，完成安装。

安装 USB Blaster 驱动程序时，如果出现无法安装 USB-Blaster 的问题，其解决办法如下(Windows 其他版本下的安装与此类似，仅界面不同而已)：

(1) 进入计算机的设备驱动器界面。

(2) 找到设备 USB-Blaster，此时设备名称旁带有黄色感叹号。

(3) 选中 USB-Blaster，单击鼠标右键，选择"更新驱动程序软件"。

(4) 选择"浏览计算机以查找驱动程序软件"，如果选择自动搜索后不能成功安装，则要手动搜索。

Quartus Ⅱ安装完成后自带有 USB-Blaster 的驱动程序，只需在 Quartus Ⅱ安装目录下找到 usb-blaster 的文件夹即可。

若 Quartus Ⅱ为默认安装路径，则 usb-blaster 文件夹的路径一般为：C:\altera\13.1\quartus\drivers\usb-blaster。注意不能是 usb-blaster 的子文件夹，否则会提示找不到驱动程序。

(5) 后面的工作按提示安装即可。

完成上面的安装工作后，就可以开始 FPGA 的设计了，至于 Quartus Ⅱ与 ModelSim 软件的使用，将在后面结合项目的开发进行介绍。

1.3.2 ModelSim 仿真软件

Mentor 公司的 ModelSim 是业界最优秀的 HDL 仿真软件之一，能提供友好的仿真环境，且能独立运行，是业内唯一的单内核支持 VHDL 和 Verilog HDL 混合仿真的仿真软件。ModelSim 软件有 SE、PE、LE、OEM 等版本，其中 SE 为最高版本，OEM 为最低版本，且 OEM 版本已经集成到 Altera、Xilinx 以及 Lattice 等公司的集成开发环境中。ModelSim 性能优越，不仅能独立运行，而且已作为 Quartus Ⅱ 集成开发环境的一部分专门用于仿真，成为 FPGA 的首选仿真软件，其主要特点如下：

(1) 采用了 RTL 和门级优化技术，编译仿真速度快，具有跨平台、跨版本仿真功能。

(2) 可进行单内核 VHDL 和 Verilog HDL 混合仿真。

(3) 集成了性能分析、波形比较、代码覆盖、信号检测等众多调试功能。

(4) 具有 C 语言接口，支持 C 语言调试。

(5) 全面支持系统级描述语言。

虽然集成在 Quartus Ⅱ 中的是 ModelSim 的 OEM 版本，但用户也可以独立安装 SE 版本，并且通过简单设置即可将 SE 版本的 ModelSim 软件集成在 Quartus Ⅱ 中。方法如下：

运行 Quartus Ⅱ 软件，依次单击 "Tools" → "Option" 菜单，在弹出的软件设置对话框中依次单击 "General" → "EDATool" → "Option" 条目，即可弹出集成工具选项设置对话框，如图 1.7 所示。从该对话框选项中可以看出，Quartus Ⅱ 可以集成 ModelSim、Synplify 等工具。在相应工具的路径编辑框中输入工具的安装路径，即可将 ModelSim 等第三方工具集成在 Quartus Ⅱ 中。图中设置 ModelSim-Altera 对应的安装路径为 C:\altera\13.1\modelsim_ase\win32aloem\(需要根据 ModelSim 的安装路径进行设置)，即可将 ModelSim 集成在 Quartus Ⅱ 中。需要注意的是，ModelSim-Altera 的安装路径名后端必须加上 "\" 符号，否则无法正确启动。

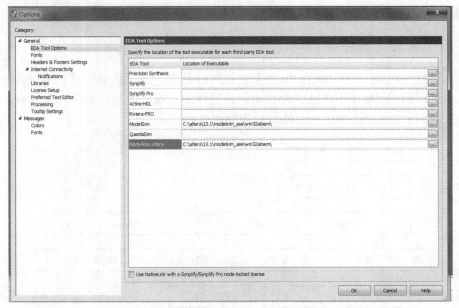

图 1.7　Quartus Ⅱ集成第三方工具选项设置对话框

ModelSim 是独立的仿真软件，本身可独立完成程序代码编辑与仿真。ModelSim 运行界面如图 1.8 所示，该界面主要由标题栏、菜单栏、工具栏、库信息窗口、对象窗口、波形显示窗口和脚本信息窗口组成。

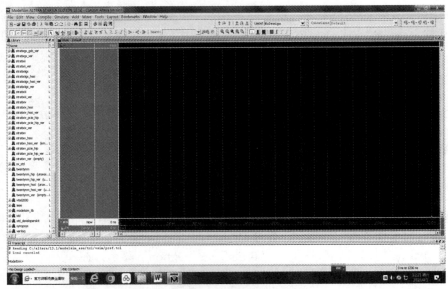

图 1.8　ModelSim 界面

ModelSim 的窗口有 10 多个。在仿真过程中，除了主窗口，其他窗口均可以打开多个副本，且各个窗口中的对象均可以以拖动的方式进行添加，使用起来十分方便。当关闭主窗口时，所有已打开的窗口均会自动关闭。ModelSim 丰富的窗口极大地方便了设计者调试，但也使初学者掌握起来稍显困难，可参考软件使用手册与专门书籍，并结合实践来学习。在 FPGA 设计中，仿真是非常重要的，所以，掌握 ModelSim 在 FPGA 设计中仿真环节的使用很有必要。

1.3.3　FPGA 设计流程

FPGA 设计就是在一块 FPGA 芯片上实现各种数字逻辑、数字信号处理以及数字中频等功能，设计流程如图 1.9 所示，包括明确设计功能与对外接口、设计输入、设计综合、功能仿真、设计实现、时序仿真、编程配置等步骤。

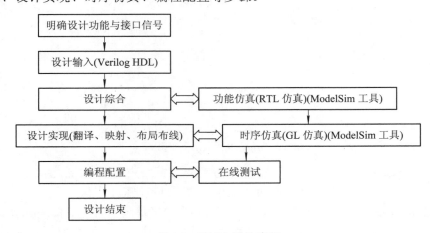

图 1.9　FPGA 设计流程

1. 明确设计功能与接口信号

FPGA 设计如同电子产品中的电路板设计，只是前者的硬件平台为 FPGA 芯片，后者为印制电路板。在 FPGA 设计中首先要明确完成的功能与输入/输出信号，且功能越明确、越具体，FPGA 设计越准确。在输入/输出信号中，不仅要明确信号的输入/输出方向，还要明确每个数字信号的位数和激活设计的敏感信号(电平敏感还是边沿敏感)等。

2. 设计输入

设计输入(Design Entry)是将设计者设计的电路以开发软件要求的形式表达出来，并输入到相应软件中的过程。对于复杂的设计，在编写代码前还要进行顶层设计、模块功能设计等工作。

3. 设计综合

设计综合(Synthesis)是将较高级抽象层次的设计描述自动转换为较低层次描述的过程。具体来说，就是将设计输入翻译成由与、或、非门以及触发器等基本逻辑单元组成的逻辑链接，并形成网表格式文件，供布局布线的过程。FPGA 内部本身是由一些基本的组合逻辑门、触发器、存储器等组成的，设计综合也就是将作为设计输入的 Verilog HDL 代码与 IP 核自动编译成基本逻辑单元组合的过程。

4. 功能仿真

功能仿真也称为行为仿真(Quartus Ⅱ 中称为 RTL Simulation)或前仿真，它是一种功能性仿真，就是在计算机上用软件验证功能是否正确。功能仿真不关注采用的具体器件与实现设计的时序信息，也不考虑信号时延等因素，是一种处于理想状态的仿真。即使如此，功能仿真也是非常有用的，因为通过功能仿真可验证功能的正确性。若功能达不到预期，应修改设计输入，直到功能完全正确。

5. 设计实现

设计实现可理解为将生成的网表文件映射到选定的芯片中以实现其功能，并产生最终的可下载文件的过程。设计实现包括翻译、映射、布局布线，其中布局布线[Place & Route，或称为适配(Fitting)]是最核心的工作。布局就是把由映射生成的逻辑小块放到器件内部逻辑资源的具体位置，并使它们易于连线。布线就是利用器件的布线资源完成各功能块之间和反馈信号之间的连接。

布局布线完成后产生的文件包括芯片资源耗用情况报告、面向其他 EDA 工具的输出文件、延时网表结构以及器件编程文件等。

6. 时序仿真

在 Quartus Ⅱ 中，时序仿真(Gate Level Simulation)也称为后仿真，它是在选定的器件上完成布局布线后进行的包含时延的仿真。即使相同的网表文件，由于不同器件的内部时延不同，导致实现的性能也会出现差异，因此对实现进行时延仿真、分析定时关系、估计设计性能都是非常必要的。由于时序仿真具有十分精确的器件延时模型，只要约束条件设计正确合理，仿真通过了，程序下载到芯片后基本上不会出现问题。

7. 编程配置

将在设计实现中生成的器件编程文件装入可编程器件的过程称为下载。通常将基于

EEPROM 的 CPLD 器件的下载称为编程(Program)，将基于 SRAM 的 FPGA 器件的下载称为配置(Configuration)。

如果编程配置成功且能按设计者的要求正确运行，则 FPGA 的设计完成。

1.4　MATLAB 及其在 FPGA 设计中的应用

1.4.1　MATLAB 简介

MATLAB 是由美国 MathWorks 公司出品的商业数学软件，该软件将数值分析、矩阵计算、数据可视化以及非线性动态系统的建模和仿真等诸多强大功能集成在一个易于使用的视窗环境中，为科学研究、工程设计以及数值计算的众多科学领域提供了一种全面的解决方案。MATLAB 的应用领域包括数据分析、无线通信、深度学习、图像处理与计算机视觉、信号处理、金融与风险管理、机器人、控制系统等。

MATLAB 的基本数据单位是矩阵，它的指令表达式与数学、工程中常用的形式十分相似，对于相同的解算问题，用 MATLAB 比用 C 语言更为简便。利用 MATLAB 可以进行矩阵运算、绘制函数和数据、实现算法、创建用户界面、连接其他编程语言的程序等。其优势与特点包括：高效的数值计算及符号计算功能，能使用户从繁杂的数学运算分析中解脱出来；具有完备的图形处理功能，实现计算结果和编程的可视化；友好的用户界面及接近数学表达式的自然化语言，易于学习和掌握；功能丰富的应用工具箱，为用户提供了大量方便实用的处理工具。

MATLAB 开发环境由桌面和命令窗口、历史命令窗口、编辑器和调试器、路径搜索、用于用户浏览工作空间与文件的浏览器等组成。MATLAB 提供了完整的联机查询和帮助系统，极大地方便了用户的使用。简单的编程环境提供了比较完备的调试系统，程序不必经过编译就可以直接运行，而且能够及时报告出现的错误及进行出错原因分析。

MATLAB 的语法特征与 C++语言极为相似，但其更加符合科技人员对数学表达式的书写格式，且具有移植性好、拓展性强的特点。MATLAB 语言包含控制语句、函数、数据结构、输入和输出语句等。用户既可以在命令窗口中将输入语句与执行命令同步，也可以编写应用程序(.m 文件)一起运行。

MATLAB 具有强大的数据处理与图形处理功能，它拥有 600 多个工程中要用到的数学运算函数，方便用户的各种计算。函数中所使用的算法都是科研和工程计算中的最新研究成果，而且经过了各种优化和容错处理。MATLAB 的函数集不仅包括最简单、最基本的函数，也包括诸如矩阵、特征向量、快速傅里叶变换的复杂函数。这些函数所能解决的问题包括矩阵运算和线性方程组的求解、微分方程及偏微分方程组的求解、符号运算、傅里叶变换和数据的统计分析、工程中的优化问题、稀疏矩阵运算、复数的各种运算、三角函数和其他初等数学运算、多维数组操作以及建模动态仿真等。MATLAB 具有强大的数据可视化功能，用于科学计算和工程绘图，不仅能将向量和矩阵用图形表现，而且可以对图形进行标注和打印。MATABL 的高层次作图包括二维和三维的可视化、图像处理、动画和表达式作图等。另外，新版本 MATLAB 还在图形用户界面(GUI)的制作上作了很大改善，以满足用户特殊要求。

　　MATLAB 拥有包括数百个内部函数的工具箱和三十几种常用工具包，为用户编程提供了极大方便。常用工具箱可分为功能性工具箱和学科工具箱：功能性工具箱用来扩充 MATLAB 的符号计算、可视化建模仿真、文字处理及实时控制等功能；学科工具箱由特定领域的专家开发，用户可以直接使用工具箱学习、应用和评估不同的方法而不需要自己编写代码。特别是除了内部函数外，所有 MATLAB 主工具箱文件和各种工具箱都可读、可修改，极大地方便了用户的二次开发。常用工具箱包括 MATLAB 主工具箱(Matlab main toolbox)、控制系统工具箱(control system toolbox)、通信工具箱(communication toolbox)、财金工具箱(financial toolbox)、系统辨识工具箱(system identification toolbox)、模糊逻辑工具箱(fuzzy logic toolbox)、高阶谱分析工具箱(higher-order spectral analysis toolbox)、图像处理工具箱(image processing toolbox)、计算机视觉系统工具箱(computer vision system toolbox)、线性矩阵不等式控制工具箱(LMI control toolbox)、模型预测控制工具箱(model predictive control toolbox)、μ 分析与综合工具箱(μ-analysis and synthesis toolbox)、神经网络工具箱(neural network toolbox)、优化工具箱(optimization toolbox)、偏微分工具箱(partial differential toolbox)、鲁棒控制工具箱(robust control toolbox)、信号处理工具箱(signal processing toolbox)、样条工具箱(spline toolbox)、统计工具箱(statistics toolbox)、符号数学工具箱(symbolic math toolbox)、仿真工具箱(simulink toolbox)、小波变换工具箱(wavelet toolbox)、DSP 系统工具箱(DSP system toolbox)等。

　　MATLAB 与其他编程环境接口方便，可移植性强，可以利用 MATLAB 编译器和 C/C++ 数学库与图形库，将自己的 MATLAB 程序自动转换为独立于 MATLAB 运行的 C/C++代码，允许用户编写可以和 MATLAB 进行交互的 C/C++语言程序。

　　MATLAB 应用非常广泛，关于 MATLAB 的使用可参考专门书籍，这里仅介绍 MATLAB 在 FPGA 设计中的应用。

1.4.2　MATLAB 在 FPGA 设计中的应用

　　在 FPGA 的设计中，尽管有不可或缺的专门仿真软件——ModelSim 用以开展功能仿真与时序仿真，但与 ModelSim 相比，MATLAB 有很多独特的优势，使其成为 FPGA 设计中最理想的辅助工具。用 MATLAB 可高效解决 FPGA 设计中的以下问题。

1. 算法性能仿真与评估

　　数字信号处理是 FPGA 的重要应用，对于一个具体的项目来说，采用 FPGA 进行信号处理，其首要任务是确定合适的信号处理算法。如何从众多的信号处理算法中选择一款合适的算法，工程上常用的方法是首先对这些算法进行性能仿真分析，并在仿真分析的基础上确定合适的算法，然后对选定的算法进行 FPGA 实现。其中的仿真分析几乎都在 MATLAB 下完成。MATLAB 无论是编写程序还是调试程序都非常方便，且花费的时间短、效率高。否则，将每个算法都直接在 FPGA 中逐一实现，然后通过 ModelSim 仿真来确定最佳算法，将花费大量时间，影响项目的完成进度。

2. 滤波器设计

滤波器按结构来分，可分为 FIR 滤波器与 IIR 滤波器。所谓设计滤波器就是设计 FIR 与 IIR 滤波器的系数。采用 FPGA 来实现数字滤波，通常分为三步，即确定滤波方法、设计滤波器(即确定滤波器系数)和滤波器在 FPGA 中的实现，其中前两步均在 MATLAB 中进行。采用 MATLAB 仿真不仅方便绘制滤波器的频谱特性，以判断设计的滤波器是否满足指标要求，而且可以仿真滤波效果，以确定滤波方法。

需要特别说明的是，采用 MATLAB 设计的滤波器的系数为实数。而 Verilog HDL 只能用二进制整数来表示滤波器的系数，且有符号整数与无符号整数由关键字 signed 与 unsigned 说明，未说明(默认)的为无符号整数，有符号整数用补码表示。这就意味着，为了保证在 MATLAB 下设计的滤波器在 Verilog HDL 中能实现，还需要将实数转换为二进制补码表示的整数(该转换同样在 MATLAB 下完成)。将实数转换为整数，需要先确定二进制整数的位宽，因为 FPGA 的资源有限，不可能用位数无限大的二进制整数来精确表示滤波器系数。这样，在将滤波器系数由实数转换为二进制整数的过程中会带来误差，这个误差会使滤波器的指标以及滤波效果发生变化。因此，在 MATLAB 下除了设计滤波器以及将滤波器系数量化外，还要绘制量化前、后滤波器的频谱特性曲线，仿真量化前、后滤波器的滤波效果，从而达到选择合适滤波器位宽的目的。

3. 模拟信号源数据生成

在 FPGA 设计中，通常采用"MATLAB 仿真+FPGA 实现+板载测试"的方案，用于板载测试的模拟信号源通常采用两种方法提供：一种是采用信号发生仪，产生与实际环境一致的模拟信号；另一种是研制一个与实际环境一致的模拟信号源，信号源的数据由 MATLAB 产生。考虑到调试的方便以及满足自检测需要，有时会把信号源作为项目的一部分集成到产品中，在这种情况下，信号源将成为项目的必要组成部分。可见，基于 MATLAB 生成数据的模拟信号源在 FPGA 设计中也很重要。在本书项目中将详细讨论基于 MATLAB 数据的模拟信号源设计。

第 2 章

FPGA 应用硬件平台

　　市场上用于 FPGA 开发的平台很多，也各有特点。本书选用成都米恩电子技术有限公司开发的，以 Altera 公司生产的 Cyclone Ⅳ系列的 EP4CE15F17C8 为主芯片的 CRD500 开发板作为项目的硬件实现平台。本章对 CRD500 开发板进行介绍，了解 CRD500 的板上资源，以便在项目中充分利用现有资源，同时，厘清 EP4CE15F17C8 引脚在开发板上的应用情况，以便在项目中对 FPGA 的引脚进行正确配置。

2.1 CRD500 开发板的结构与组成

　　CRD500 开发板(以下简称开发板)为 130 mm × 90 mm 的 4 层板结构，顶层为元件层，第二层为地，第三层为电源，底层为焊接层，其实物与结构示意图如图 2.1 和图 2.2 所示。该开发板主要由 EP4CE15F17C8 FPGA 芯片、晶体振荡电路、模/数转换电路、数/模转换电路、按键输入与显示输出电路、串口通信与扩展接口电路、程序下载与配置电路以及电源电路等组成。

图 2.1 CRD500 开发板实物图

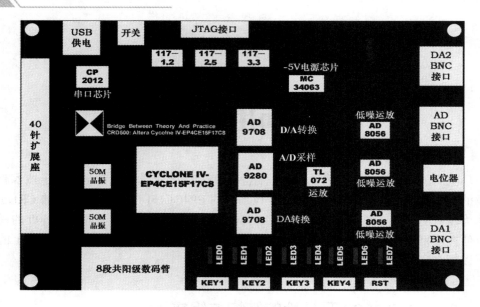

图 2.2　CRD500 开发板结构示意图

　　EP4CE15F17C8 是市场占有率极高的一款 FPGA，为开发板的核心芯片。该 FPGA 内部资源主要包括 15 408 个逻辑单元、504 KB 的存储器、56 个 18 bit × 18 bit 的乘法器、4 个通用 PLL 以及一定数量的 I/O。项目的 FPGA 实现程序均下载到该 FPGA 中运行，实现程序占用的资源全部由该 FPGA 提供。

　　开发板的晶体振荡电路包含两个独立的、频率为 50 MHz 的振荡器，便于在同一块开发板上利用一块 FPGA 芯片独立实现发射与接收。两个时钟均直接与 FPGA 相连。

　　CRD500 具有的单通道模/数转换电路由低噪声运算放大器 AD8065、模/数转换器 AD9280、低噪声运算放大器 TL072 以及其他元器件组成。输入的模拟信号既可来自外部，也可来自 DA2 的输出，幅度范围为−1 V～1 V。TL072 将 AD9280 产生的 2 V 参考电压转换成−1 V，送到 AD8065 的反向输入端；输入的模拟信号加到 AD8065 的同相输入端。AD8065 的作用是对输入的模拟信号进行幅度调整，使其输出的模拟信号的幅度范围为 0～2 V，以满足模/数转换器 AD9280 的幅度要求，AD8065 的 3 dB 带宽为 145 MHz。AD9280 是分辨率为 8 bit 的模/数转换器，输入模拟信号范围为 0～2 V，输出为 8 位无符号二进制数据，且 8 位数据并行连接到 FPGA 的引脚上。AD9280 的采样时钟由 FPGA 提供，采样频率可达 32 MSPS，可对最高频率为 135 MHz 的信号进行直接采样。由于模/数转换器的输出为 8 位无符号二进制数据，如果对数据进行处理的滤波器要求输入为补码形式的有符号二进制数据，则模/数转换器的输出在滤波前需先进行格式转换。

　　CRD500 具有的双通道数/模转换电路由数/模转换器 AD9708、7 阶巴特沃斯低通滤波器以及 AD8065 组成的幅度调节电路组成。数/模转换器的数据直接来自 FPGA，要求格式为 8 位无符号二进制数据，经幅度调整后的模拟输出信号的幅度范围为−1 V～1 V。AD9708 的数/模转换时钟来自 FPGA，最高频率为 125 MHz，7 阶巴特沃斯低通滤波器的带宽为 40 MHz。由于数/模转换器要求输入数据为 8 位无符号二进制数据，如果经 FPGA 中的滤波器滤波后输出的数据为补码形式的有符号二进制数据，则滤波器的输出数据需先进行格式转换，然后才能送到数/模转换电路。

开发板的按键输入电路由 5 个独立的 BTN 按键和电阻组成，其中一个按键用于产生复位信号。BTN 按键按下时输出高电平，默认输出为低电平，按键产生的输出信号与 FPGA 相连。这些按键信号除作为复位信号外，还可作为数字逻辑电路的输入，实现对设计的数字逻辑电路的板载测试。

开发板的输出显示电路由 4 个共阳极 8 段数码管、8 个独立的 LED 灯以及相关电路组成。其中 4 个共阳极数码管为集成封装，共用 8 段显示信号线，由 4 个片选信号选择显示的数码管。由于数码管共阳极，因此输入信号为低电平有效，8 个 LED 灯高电平点亮。数码管的 8 段显示信号、片选信号和 LED 灯的控制信号直接与 FPGA 相连，可利用它们对设计的数字逻辑电路进行板载测试。

开发板的串口通信电路由 MINI USB 接口与 USB 转 UART 的集成芯片 CP2012 等组成。其中 MINI USB 接口既是供电接口，也是串口通信接口。采用 1 根 USB 线缆将开发板与 PC 的 USB 接口相连，FPGA 利用串口接收信号和串口发送信号即可实现与上位机的串口数据通信。

开发板还提供有扩展接口，扩展接口引脚均与 FPGA 相连。通过扩展接口可实现与外部的数据交换和输入/输出控制。

开发板通过 JTAG 接口实现程序下载与编程配置，配置芯片采用的是容量为 16 M 的 FLASH M25P16(与 EPCS16 兼容)。配置芯片除存储 FPGA 配置程序外，还可作为外部数据存储器使用。

开发板的电源电路由 MINI USB 接口、电源开关以及电压转换芯片等组成，为开发板提供需要的电源。

▮▮▮ 2.2　FPGA 与板上资源的连接

2.2.1　EP4CE15F17C8 引脚分布与定义

EP4CE15F17C8 引脚分布如图 2.3 所示。

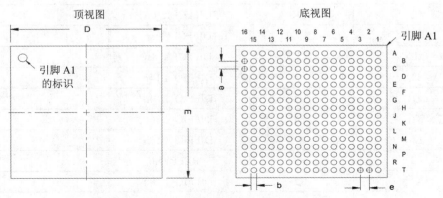

图 2.3　EP4CE15F17C8 引脚分布示意图

由图可见，该器件的 256 个引脚按 16×16 的结构排列，不同行的引脚由第一个字母区分，同一行的引脚由编号区分，第 1 行到第 16 行的字母分别为 A、B、C、D、E、F、G、H、J、K、L、M、N、P、R、T，如 A16 表示该引脚位于第 1 行的第 16 列，C1 表示该引脚位于第 3 行的第 1 列。

EP4CE15F17C8 器件的引脚定义如表 2.1 所示。在可选功能中，DIFFIO_L4p、DIFFIO_L4n 分别表示差分输入/输出引脚的正端与负端。配置功能表示这些引脚在对器件进行配置时使用，具体使用哪些引脚用于器件配置与选择的配置方式有关。

表 2.1　EP4CE15F17C8 器件的引脚定义

FBGA256 引脚位置	引脚名/功能	可选功能(第 2 功能)	配置功能
B1	IO	DIFFIO_L3p	
C2	IO	DIFFIO_L4p	
C1	IO	DIFFIO_L4n	DATA1,ASDO
F3	IO	VREFB1N0	
D2	IO	DIFFIO_L6p	FLASH_nCE,nCSO
F4	nSTATUS		nSTATUS
G5	IO	DIFFIO_L9n	
F2	IO	DIFFIO_L10p	
F1	IO	DIFFIO_L10n	
G2	IO		
G1	IO	VREFB1N1	
H1	DCLK		DCLK
H2	IO		DATA0
H5	nCONFIG		nCONFIG
H4	TDI		TDI
H3	TCK		TCK
J5	TMS		TMS
J4	TDO		TDO
J3	nCE		nCE
E1	CLK1	DIFFCLK_0n	
M2	CLK2	DIFFCLK_1p	
M1	CLK3	DIFFCLK_1n	
J2	IO	DIFFIO_L14p	
J1	IO	DIFFIO_L14n	
K6	IO	DIFFIO_L16p	
L6	IO	DIFFIO_L16n	
L3	IO	VREFB2N0	
K1	IO	DIFFIO_L18n	
L2	IO	DIFFIO_L19p	

续表一

FBGA256 引脚位置	引脚名/功能	可选功能(第 2 功能)	配置功能
L1	IO	DIFFIO_L19n	
K2	IO	VREFB2N1	
N2	IO	DIFFIO_L27p	
N1	IO	DIFFIO_L27n	
K5	IO	RUP1	
L4	IO	RDN1	
R1	IO		
P2	IO	DIFFIO_L29p	
P1	IO	DIFFIO_L29n	
N3	IO	DIFFIO_B3p	
P3	IO	DIFFIO_B3n	
R3	IO	DIFFIO_B4n	
T3	IO	VREFB3N1	
T2	IO		
R4	IO	PLL1_CLKOUTp	
T4	IO	PLL1_CLKOUTn	
N5	IO	DIFFIO_B7p	
N6	IO	DIFFIO_B7n	
M6	IO	DIFFIO_B8p	
P6	IO	VREFB3N0	
M7	IO		
R5	IO	DIFFIO_B14p	
T5	IO	DIFFIO_B14n	
R6	IO	DIFFIO_B15p	
T6	IO	DIFFIO_B15n	
L7	IO		
R7	IO	DIFFIO_B16p	
T7	IO	DIFFIO_B16n	
L8	IO		
M8	IO	DIFFIO_B18p	
N8	IO	DIFFIO_B18n	
P8	IO		
R8	CLK15	DIFFCLK_6p	
T8	CLK14	DIFFCLK_6n	
R9	CLK13	DIFFCLK_7p	

FBGA256 引脚位置	引脚名/功能	可选功能(第 2 功能)	配置功能
T9	CLK12	DIFFCLK_7n	
K9	IO	DIFFIO_B19p	
L9	IO	DIFFIO_B19n	
M9	IO	DIFFIO_B20p	
N9	IO	DIFFIO_B20n	
R10	IO	DIFFIO_B21p	
T10	IO	DIFFIO_B21n	
R11	IO	DIFFIO_B22p	
T11	IO	DIFFIO_B22n	
R12	IO	DIFFIO_B23p	
T12	IO	DIFFIO_B24p	
K10	IO	DIFFIO_B24n	
L10	IO		
P9	IO		
N12	IO	VREFB4N1	
R13	IO	DIFFIO_B26p	
T13	IO	DIFFIO_B26n	
M10	IO	RUP2	
N11	IO	RDN2	
T14	IO	DIFFIO_B29p	
T15	IO	DIFFIO_B29n	
P11	IO	VREFB4N0	
P14	IO	PLL4_CLKOUTp	
R14	IO	PLL4_CLKOUTn	
L11	IO	DIFFIO_B31p	
M11	IO	DIFFIO_B31n	
K12	IO	DIFFIO_R35p	
N14	IO	RUP3	
P15	IO	RDN3	
P16	IO	DIFFIO_R34n	
R16	IO	DIFFIO_R34p	
N16	IO	DIFFIO_R31n	
N15	IO	DIFFIO_R31p	
L14	IO	VREFB5N1	
L13	IO	DIFFIO_R26n	

FBGA256 引脚位置	引脚名/功能	可选功能(第 2 功能)	配置功能
L16	IO	DIFFIO_R26p	
L15	IO	VREFB5N0	
K16	IO	DIFFIO_R22n	
K15	IO	DIFFIO_R22p	
J16	IO	DIFFIO_R21n	DEV_OE
J15	IO	DIFFIO_R21p	DEV_CLRn
J14	IO	DIFFIO_R19n	
J12	IO	DIFFIO_R19p	
J13	IO		
M16	CLK7	DIFFCLK_3n	
M15	CLK6	DIFFCLK_3p	
E16	CLK5	DIFFCLK_2n	
E15	CLK4	DIFFCLK_2p	
H14	CONF_DONE		CONF_DONE
H13	MSEL0		MSEL0
H12	MSEL1		MSEL1
G12	MSEL2		MSEL2
G16	IO	DIFFIO_R17n	INIT_DONE
G15	IO	DIFFIO_R17p	CRC_ERROR
F13	IO	VREFB6N1	
F16	IO	DIFFIO_R16n	nCEO
F15	IO	DIFFIO_R16p	CLKUSR
B16	IO	DIFFIO_R15n	
F14	IO	VREFB6N0	
D16	IO	DIFFIO_R7n	
D15	IO	DIFFIO_R7p	
G11	IO	DIFFIO_R3p	PADD21
C16	IO	DIFFIO_R2n	PADD20
C15	IO	DIFFIO_R2p	
C14	IO	DIFFIO_T32n	
D14	IO	DIFFIO_T32p	
D11	IO	DIFFIO_T30n	
D12	IO	DIFFIO_T30p	
C11	IO	VREFB7N0	
B13	IO	DIFFIO_T29n	

FBGA256 引脚位置	引脚名/功能	可选功能(第 2 功能)	配置功能
A14	IO	PLL2_CLKOUTn	
B14	IO	PLL2_CLKOUTp	
E11	IO	RUP4	
E10	IO	RDN4	
A12	IO	DIFFIO_T27p	PADD0
B12	IO	DIFFIO_T26n	
A11	IO	DIFFIO_T25n	PADD1
B11	IO	DIFFIO_T25p	PADD2
A13	IO	VREFB7N1	
A15	IO	DIFFIO_T23n	PADD3
F9	IO	DIFFIO_T21p	PADD4
A10	IO	DIFFIO_T20n	PADD5
B10	IO	DIFFIO_T20p	PADD6
C9	IO	DIFFIO_T19n	PADD7
D9	IO	DIFFIO_T19p	PADD8
E9	IO	DIFFIO_T17p	PADD12
A9	CLK8	DIFFCLK_5n	
B9	CLK9	DIFFCLK_5p	
A8	CLK10	DIFFCLK_4n	
B8	CLK11	DIFFCLK_4p	
C8	IO	DIFFIO_T13p	PADD17
D8	IO		
E8	IO	DIFFIO_T12n	DATA2
F8	IO	DIFFIO_T12p	DATA3
A7	IO	DIFFIO_T11n	PADD18
B7	IO	DIFFIO_T11p	DATA4
C6	IO	VREFB8N0	
A6	IO	DIFFIO_T9n	DATA14
B6	IO	DIFFIO_T9p	DATA13
E7	IO		DATA5
E6	IO	DIFFIO_T6p	DATA6
A5	IO		DATA7
B5	IO	DIFFIO_T5p	DATA8
D6	IO	DIFFIO_T4n	DATA9
A4	IO	DIFFIO_T3n	DATA10

FBGA256 引脚位置	引脚名/功能	可选功能(第 2 功能)	配置功能
B4	IO	DIFFIO_T3p	DATA11
A2	IO	VREFB8N1	
D5	IO		
A3	IO	DIFFIO_T2n	
B3	IO	DIFFIO_T2p	DATA12
C3	IO	PLL3_CLKOUTn	
D3	IO	PLL3_CLKOUTp	
H7	GND		
H8	GND		
H9	GND		
H10	GND		
J7	GND		
J8	GND		
J9	GND		
J10	GND		
F6	GND		
F10	GND		
J11	GND		
K8	GND		
B2	GND		
B15	GND		
C5	GND		
C12	GND		
D7	GND		
D10	GND		
E4	GND		
E13	GND		
G4	GND		
G13	GND		
K4	GND		
K13	GND		
M4	GND		
M13	GND		
N7	GND		
N10	GND		

FBGA256 引脚位置	引脚名/功能	可选功能(第 2 功能)	配置功能
P5	GND		
P12	GND		
R2	GND		
R15	GND		
E2	GND		
H16	GND		
H15	GND		
M5	GNDA1		
E12	GNDA2		
E5	GNDA3		
M12	GNDA4		
F7	VCCINT		
F11	VCCINT		
G6	VCCINT		
G7	VCCINT		
G8	VCCINT		
G9	VCCINT		
G10	VCCINT		
H6	VCCINT		
H11	VCCINT		
J6	VCCINT		
K7	VCCINT		
K11	VCCINT		
E3	VCCIO1		
G3	VCCIO1		
K3	VCCIO2		
M3	VCCIO2		
P4	VCCIO3		
P7	VCCIO3		
T1	VCCIO3		
P10	VCCIO4		
P13	VCCIO4		
T16	VCCIO4		
K14	VCCIO5		
M14	VCCIO5		

FBGA256 引脚位置	引脚名/功能	可选功能(第 2 功能)	配置功能
E14	VCCIO6		
G14	VCCIO6		
A16	VCCIO7		
C10	VCCIO7		
C13	VCCIO7		
A1	VCCIO8		
C4	VCCIO8		
C7	VCCIO8		
L5	VCCA1		
F12	VCCA2		
F5	VCCA3		
L12	VCCA4		
N4	VCCD_PLL1		
D13	VCCD_PLL2		
D4	VCCD_PLL3		
N13	VCCD_PLL4		

2.2.2　FPGA 与板上资源的连接

由 2.2.1 节可知,CRD500 开发板上的资源包括 1 个 FPGA 芯片、两个时钟振荡电路、1 个模/数转换器、两个数/模转换器、5 个 BTN 按键、4 个集成封装的共阳极 8 段数码管、8 个 LED 灯、1 个 UART、1 个 JTAG 接口以及 1 个 40 针的扩展接口,它们均直接或间接与 FPGA 相连。当用户程序在 FPGA 中实现时,弄清楚 FPGA 与这些资源的连接关系,对于充分利用板上资源来实现项目的功能,为板载测试提供支持以及对 FPGA 引脚进行合适的配置都大有好处。下面分别介绍 FPGA 与板上资源的连接关系。

1.JTAG 接口

与 JTAG 接口相连(直接或间接)的 FPGA 引脚为 TCK(H3/TCK)、TDO(J4/TDO)、TMS(J5/TMS)、TDI(H4/TDI)。"TCK(H3/TCK)"表示 JTAG 接口的 TCK 与 FPGA 的 TCK 引脚相连,且 FPGA 的 TCK 引脚位于 H3 位置。其余含义相同。

2.配置芯片

与配置芯片 FLASH M25P16 相连(直接或间接)的 FPGA 引脚为 DCLK(H1/DCLK)、ASDO(C1/ASDO)、DATA0(H2/DATA0)、nCSO(D2/nCSO)。

3.晶体振荡器

与两个晶体振荡器分别相连(直接或间接)的 FPGA 引脚为 GCLK1(M1/CLK3)、GCLK2(E1/CLK1)。"GCLK1(M1/CLK3)"表示第 1 个晶体振荡器的输出时钟 GCLK1 与 FPGA 的 CLK3 引脚相连,且 FPGA 的 CLK3 引脚位于 M1 位置。

4. A/D 转换器

与 1 个 A/D 相连(直接或间接)的信号有采样时钟 ad_clk、8 位无符号二进制数据 ad_din(0)～(7)。与 FPGA 连接的引脚为 ad_clk(K15/IO)、ad_din(0)(C14/IO)、ad_din(1) (D16/IO)、ad_din(2)(D15/IO)、ad_din(3)(F14/IO)、ad_din(4)(F16/IO，nCEO)、ad_din(6)(F15/IO，clkusr)、ad_din(6)(G16/IO，INIT_DONE)、ad_din(7)(G15/IO，CRC_ERROR)。"ad_din(0) (C14/IO)"表示 A/D 转换器输出的 8 位无符号二进制数据的第 0 位(用 ad_din(0)表示)与 FPGA 的 IO 引脚相连，且相连的 IO 引脚为 C14。

5. D/A 转换器

与 DA1 相连(直接或间接)的信号有时钟 da1_clk、8 位无符号二进制数据 da1_out(0)～(7)。与 FPGA 连接的引脚为 da1_clk(D12/IO)、da1_out(0)(C16/IO)、da1_out(1)(B16/IO)、da1_out(2)(C15/IO)、da1_out(3)(A15/IO)、da1_out(4)(B14/IO)、da1_out(5)(A14/IO)、da1_out(6) (B13/IO)、da1_out(7)(A13/IO)。

与 DA2 相连(直接或间接)的信号有时钟 da2_clk、8 位无符号二进制数据 da2_out(0)～(7)。与 FPGA 连接的引脚为 da2_clk(T15/IO)、da2_out(0)(R16/IO)、da2_out(1)(P15/IO)、da2_out(2) (P16/IO)、 da2_out(3)(N14/IO)、 da2_out(4)(N16/IO)、 da2_out(5)(N15/IO)、 da2_out(6)(L15/IO)、da2_out(7)(L16/IO)。

6. UART

开发板发送数据到 PC 时，数据由 FPGA 的 A11 引脚送出；开发板接收来自 PC 的数据时，数据由 FPGA 的 A10 引脚接收。即 FPGA 的 A11、A10 引脚分别用于串口数据的发送与接收。

7. 4 个 8 段数码管

4 个集成封装的共阳极 8 段数码管对外相连的引脚包括 8 个数据引脚与 4 个数码管选择引脚。数码管与 FPGA 连接关系如表 2.2 所示。

表 2.2　数码管与 FPGA 连接关系

数码管引脚	seg_s(0)	seg_s(1)	seg_s(2)	seg_s(3)	seg_ap(0)	seg_ap(1)
FPGA引脚	R10	N9	P8	R7	T4	R1
功能	数码管选择：0—所选数码管亮；1—所选数码管灭				a	b
数码管引脚	seg_ap(2)	seg_ap(3)	seg_ap(4)	seg_ap(5)	seg_ap(6)	seg_ap(7)
FPGA引脚	T7	T3	T2	T5	P9	T6
功能	c	d	e	f	g	dp

8. 8 个 LED 灯

8 个 LED 灯与 FPGA 连接关系如表 2.3 所示。

表 2.3　LED 灯与 FPGA 连接关系

信号 名称	Led(0)	Led(1)	Led(2)	Led(3)	Led(4)	Led(5)	Led(6)	Led(7)
FPGA 引脚	R11	T11	R12	T12	R13	T13	R14	T14
功能	1—亮；0—灭							

9. 5 个按键

5 个按键与 FPGA 连接关系如表 2.4 所示。

表 2.4　按键与 FPGA 连接关系

信号 名称	rst	key1	key2	key3	key4
FPGA 引脚	P14	T10	P11	N11	N12
功能	键按下—高电平；不按—低电平				

10. 扩展接口

40 针的扩展接口与 FPGA 连接关系如表 2.5 所示。

表 2.5　扩展接口与 FPGA 连接关系

针编号	1	2	3	4	5	6	7	8	9	10
FPGA 引脚	GND	VCC	R4	R5	P3	R3	P2	P1	N3	N1
针编号	11	12	13	14	15	16	17	18	19	20
FPGA 引脚	L3	N2	L1	L2	K1	K2	G2	J1	F3	G1
针编号	21	22	23	24	25	26	27	28	29	30
FPGA 引脚	F2	F1	B3	A2	B4	A3	B5	A4	B6	A5
针编号	31	32	33	34	35	36	37	38	39	40
FPGA 引脚	B7	A6	B8	A7	B9	A8	B10	A9	3V3	GND

第 3 章

数字逻辑电路设计与 FPGA 实现

FPGA 在电子系统中的典型应用主要包括数字逻辑控制与外设接口、模拟信号源(含数字基带信号源与中频信号源)、数字滤波以及中频等几个方面。从本章开始，按从易到难、从简单到复杂、从基带到中频的顺序，以 CRD500 为实现平台、以 Verilog HDL 为设计语言、以 Quartus Ⅱ 13.1 和 ModelSim 为开发工具和仿真工具，讨论各个项目的 FPGA 实现。

3.1 项目要求

项目名称：3-8 译码器的设计与 FPGA 实现。

项目要求：采用 Verilog HDL 语言编写 3-8 译码器的实现程序；按设计流程完成项目的开发、仿真与程序下载；板载测试检验设计效果。

通过该项目的开发，学会 Quartus Ⅱ 13.1 和 ModelSim 的基本使用，掌握数字逻辑电路的 FPGA 实现方法与设计流程，初步具备基于 FPGA 实现数字逻辑电路的能力。

3.2 3-8 译码器工作原理

3-8 译码器，顾名思义，就是对 3 个输入信号进行译码，得到 8 个输出状态，输入与输出的关系如表 3.1 所示，表中 L 表示低电平，H 表示高电平。

表 3.1 3-8 译码器输入与输出的关系

输　入			输　　出							
C	B	A	Y0	Y1	Y2	Y3	Y4	Y5	Y6	Y7
L	L	L	L	H	H	H	H	H	H	H
L	L	H	H	L	H	H	H	H	H	H
L	H	L	H	H	L	H	H	H	H	H
L	H	H	H	H	H	L	H	H	H	H
H	L	L	H	H	H	H	L	H	H	H
H	L	H	H	H	H	H	H	L	H	H
H	H	L	H	H	H	H	H	H	L	H
H	H	H	H	H	H	H	H	H	H	L

　　由表可见，输出 Y 的值由输入 A、B、C 决定，具体为：当 CBA=000 时，Y0 为低电平，其余 Y 均输出高电平；当 CBA=001 时，Y1 为低电平，其余 Y 均输出高电平；以此类推，当 CBA=111 时，Y7 为低电平，其余 Y 均输出高电平。

3.3　3-8 译码器设计与 FPGA 实现

3-8 译码器的 FPGA 设计步骤如下所述。

1. 创建工程文件夹和编辑设计文件

首先建立工作库目录，以便设计工程项目的存储。

　　任何一项设计都是一项工程(Project)，都必须首先为此工程建立一个放置与此工程相关的所有文件的文件夹。此文件夹将被 EDA 软件默认为工作库(Work Library)。不同的设计项目最好放在不同的文件夹中，而同一工程的所有文件都必须放在同一文件夹中。

　　在建立了文件夹后就可以通过 Quartus Ⅱ 的文本编辑器编辑设计文件，步骤如下：

　　(1) 新建一个文件夹。这里假设本项设计的文件夹取名为 decoder_38，在 C 盘中，路径为 C:\altera\txhFPGA\decoder_38。注意：文件夹名不能用中文。

　　(2) 输入源程序。双击 Quartus Ⅱ图标，选择菜单"File"→"New"，如图 3.1 所示。

图 3.1　输入源程序(一)

选择"Verilog HDL File"，单击"OK"按钮，输入源程序，如图 3.2 所示。

//3-8 译码器 decoder_38.v 程序清单

//3_8 译码器源程序，key_in 为译码器的输入，out 为译码器的输出

```verilog
module decoder_38(out,key_in);
    output[7:0] out;              //说明信号 out 的流向
    input[2:0] key_in;            //说明信号 key_in 的流向
    reg[7:0] out;                 //申明信号类型
  always @(key_in)                //定义 always 块
    begin
      case(key_in)
        3'd0: out=8'b11111110;    //key_in=000，out[0]为低电平
        3'd1: out=8'b11111101;
        3'd2: out=8'b11111011;
        3'd3: out=8'b11110111;
        3'd4: out=8'b11101111;
        3'd5: out=8'b11011111;
        3'd6: out=8'b10111111;
        3'd7: out=8'b01111111;
      endcase
    end
  endmodule
```

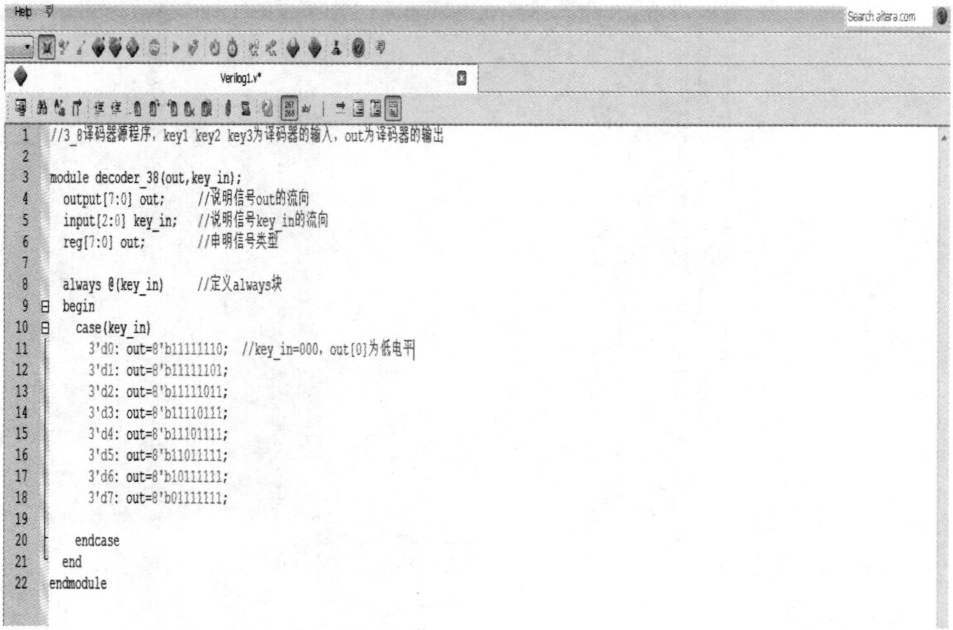

图 3.2　输入源程序(二)

(3) 文件存盘。选择菜单"File"→"Save As"，找到要保存的文件夹 C:\altera\txhFPGA\ decoder_38，文件名应与实体名一致，即 decoder_38.v。当出现图 3.3 中所示的"Do you want to create a new project with this file?"对话框时，若单击"Yes"，则直接进入创建工程向导，如图 3.4 所示。

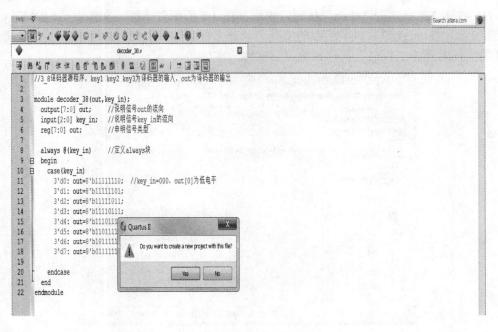

图 3.3　文件存盘

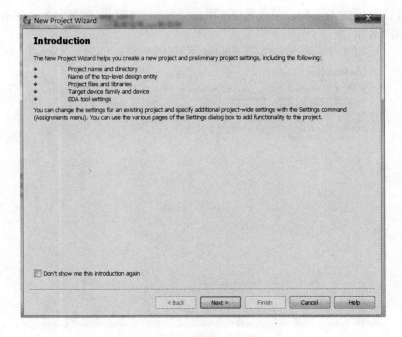

图 3.4　创建工程向导

2. 创建工程

在此要利用 New Project Wizard 工具选项创建此设计工程,即令 decoder_38.v 为工程,并设定此工程的一些相关的信息,如工程名、目标器件、综合器、仿真器等,详细步骤如下:

(1) 在图 3.4 中单击"Next"按钮,弹出如图 3.5 所示对话框。在该对话框的第一栏填该工程的工作目录;第二栏填工程的工程名,此工程名可以取任何名字,一般直接用顶层文件的实体名作为工程名;第三栏填顶层文件的实体名。

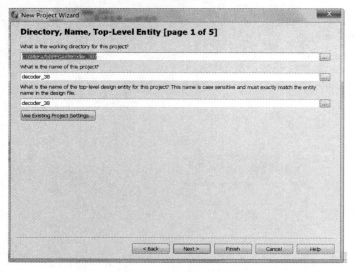

图 3.5 创建工程(一)

(2) 将设计文件加入工程。单击图 3.5 中的"Next"按钮,弹出"New Project Wizard"对话框,如图 3.6 所示。

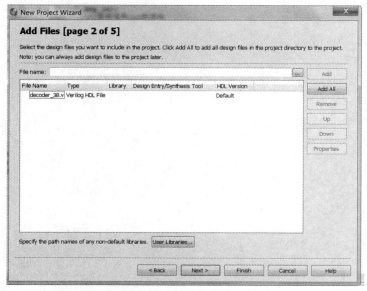

图 3.6 创建工程(二)

单击"File Name"栏右侧的"…"按钮，弹出"Select File"对话框，如图 3.7 所示。选择需要添加的文件，单击"打开"按钮，在"File name"栏中已显示需要添加到工程的文件，如图 3.8 所示。将设计文件加入工程中的方法有两种：第一种是单击"Add All"按钮，将设定的工程目录中的所有 Verilog HDL 文件加入工程文件栏中；第二种是单击"Add"按钮，从工程目录中选出相关的 Verilog HDL 文件。

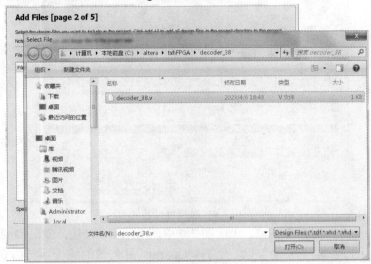

图 3.7　创建工程(三)

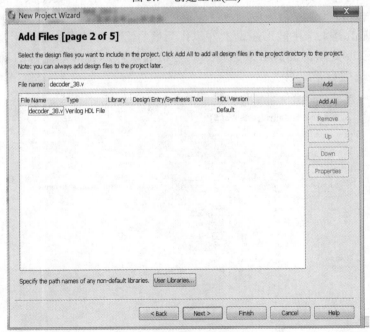

图 3.8　创建工程(四)

(3) 选择目标芯片。单击图 3.8 中的"Next"按钮，依据实际使用的芯片选择目标芯片，即 CRD500 开发板上的 FPGA 芯片为 EP4CE15F17C8，这里的目标芯片就为 EP4CE15F17C8。首先在"Family"栏中选择"Cyclone Ⅳ E"系列，即可在器件列表中找到需要选择的器件，然后选中即可，如图 3.9 所示。

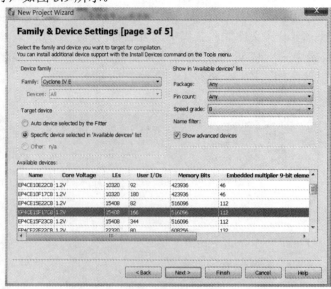

图 3.9　选择目标芯片

(4) 选择综合器和仿真器类型。单击图 3.9 中的"Next"按钮，弹出如图 3.10 所示对话框。在图 3.10 中，若选"None"，表示选择 Quartus Ⅱ 自带的综合器与仿真器，通常只需对仿真工具进行选择，其余均选用自带工具(即选"None")。仿真工具是选自带的还是第三方的，要依据是否产生复杂的激励信号而定。对于简单的设计项目，激励信号很有规律，可选自带的仿真工具来产生波形激励文件，作为信号源进行仿真。而对于复杂项目，激励信号没有规律或很复杂，此时必须选择第三方仿真软件，目前最流行的就是 ModelSim_Altera，这里均选用自带工具。

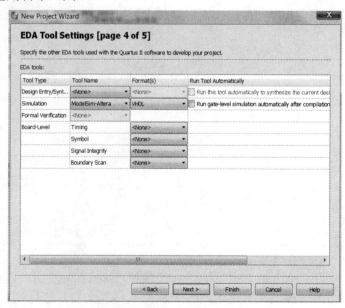

图 3.10　选择综合器与仿真器

(5) 结束设置。如图 3.10 设置完毕后，单击"Next"按钮，弹出"Summary"窗口，上面列出了此项工程相关设置情况，如图 3.11 所示。最后单击"Finish"按钮，即可设定好此工程，并出现 decoder_38 的工程管理窗口，或称 Compilation Hierarchies 窗口，主要显示本工程项目的层次结构和各层次的实体名，如图 3.12 所示。

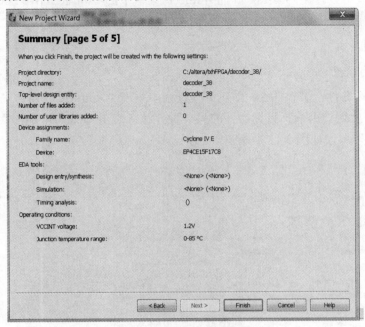

图 3.11　工程设计统计信息

图 3.12　Compilation Hierarchies 窗口信息

Quartus Ⅱ将工程信息存储在工程配置文件(Quartus)中，它包含有关 Quartus Ⅱ工程的所有信息，包括设计文件、波形文件、SignalTap Ⅱ文件、内存初始化文件以及构成工程的编译器、仿真器和软件构建设置。

建立工程后，可以使用 Quartus Ⅱ的"Project"菜单中的"Add/Remove Files in Project…"选项页在工程中设计、添加或删除其他文件。

3. 编译工程

1) 编译前的设置

(1) 选择目标器件。若在图 3.8 创建工程过程中单击"Add All"按钮，完成器件选择，则不需要重复。此处使用选择目标器件的另一种方法：点击 Quartus Ⅱ的"Assignments"中的"Device…"项，如图 3.13 所示。

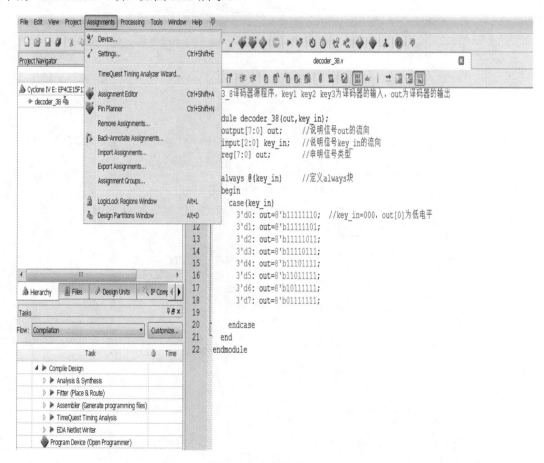

图 3.13　编译前设置(一)

进入器件选择界面，完成目标器件的选择，如图 3.14 所示，设置完成后单击"OK"按钮。

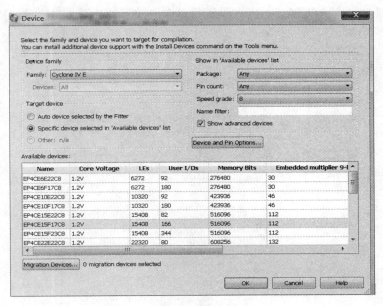

图 3.14 编译前设置(二)

(2) 选择配置器件的编程配置方式。单击图 3.14 的"Device and Pin Options"按钮,弹出"Device and Pin Options"对话框(如图 3.15 所示)。

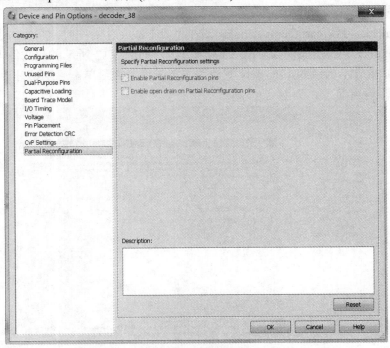

图 3.15 选择配置器件的编程配置方式(一)

选择"Configuration"项,在右侧菜单中选择"Configuration scheme"方式为"Active Serial",如图 3.16 所示。这种方式指对专用配置器件(如项目中使用 EPCS16)进行配置用的编程方式,而 PC 对此 FPGA 的直接配置方式都是 JTAG 方式;在"Configuration device"

项中选择配置芯片为"EPCS16"。完成设置后单击"OK"按钮，即可回到 Quartus II的工程窗口。

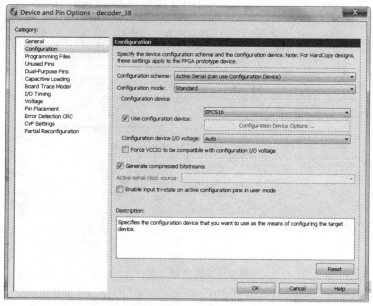

图 3.16　选择配置器件的编程配置方式(二)

(3) 选择编译后的输出文件格式(可选)。选择"Programming Files"项，勾选"Hexadecimal(Intel-Format) Output File"，即在生成下载文件的同时，产生二进制配置文件decoder_38.hexput，并设地址起始为 0 的递增方式，如图 3.17 所示。此文件可用于单片机或 CPLD 与 EPROM 构成的 FPGA 配置电路系统。设置完后单击"OK"按钮，即可回到Quartus II的工程窗口。

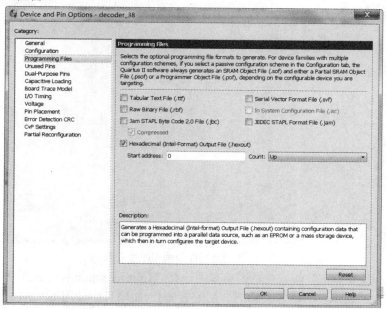

图 3.17　选择编译后的输出文件格式

(4) 选择目标器件闲置引脚的状态(可选)。选择"Unused Pins"项，如图 3.18 所示，根据实际需要选择目标器件闲置引脚的状态，可选择为"输入状态"(呈高阻态，推荐)，或"输出状态"(呈低电平)，或"输出不定状态"，或"不做任何选择"。设置完后单击"OK"按钮，即可回到 Quartus Ⅱ的工程窗口。

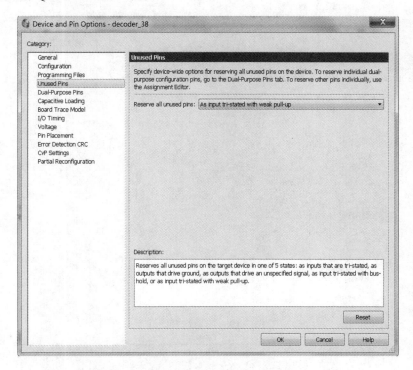

图 3.18　选择目标器件闲置引脚的状态

2) 编译

编译过程也是综合和改正语法错误的过程，有时也称为综合阶段。Quartus Ⅱ编译器是由一系列处理模块构成的，这些模块负责对设计项目的检错、逻辑综合、结构综合、输出结果的编辑配置以及时序分析进行处理。在这一过程中将设计项目适配进 FPGA/CPLD 目标器件中，同时产生多种用途的输出文件，如功能和时序仿真文件、器件编程的目标文件等。编译器首先从工程设计文件间的层次结构描述中提取信息，包括每个低层次文件中的错误信息，供设计者排除，然后将这些层次构建产生一个结构化的以网表文件表达的电路原理图文件，并把各层次中所有的文件结合成一个数据包，以便更有效地处理。

在编译前，设计者可以通过各种不同的设置，指导编译器使用各种不同的综合和适配技术，以便提高设计项目的工作速度，优化器件的资源利用率。在编译过程中和编译完成后，都可以从编译报告窗中获得所有相关的详细编译结果，以利于设计者及时调整设计方案。

编译过程中有一项重要的功能，就是对编写的设计文件进行语法检查，若有语法错误，必须逐一改正，直到编译通过。

选择 Quartus Ⅱ的"Processing"菜单的"Start Compilation"项(如图 3.19 所示)，或单击快捷图标(如图 3.20 所示)，均可启动包括排错、数据网表文件提取、逻辑综合、适配、装配文件(仿真文件与编程配置文件)生成以及基于目标器件的工程时序分析等功能的全程编译工作。如果编译无错，结果如图 3.21 所示。

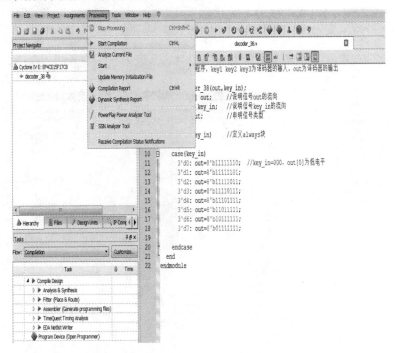

图 3.19　编译选择(一)

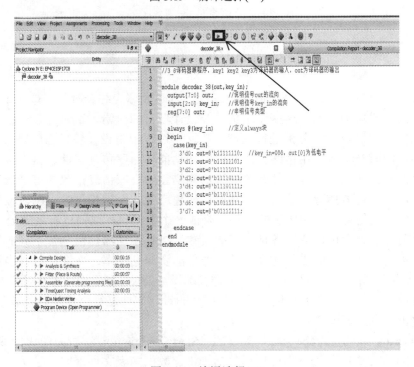

图 3.20　编译选择(二)

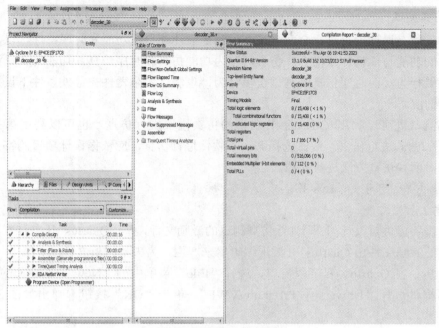

图 3.21　编译无错信息

如果工程中的文件有错误，在 Processing 栏中会显示出来(如图 3.22 所示)。对于 Processing 栏中显示的语句格式错误，可双击此条文，即弹出对应的 Verilog HDL 文件，修改完毕后再次编译直至排除所有错误。

图 3.22　编译有错信息

4. 仿真测试

仿真就是对设计项目进行全面测试，以确保设计项目的功能和时序特性，以及最后的硬件器件的功能与原设计相吻合。仿真可分为功能仿真和时序仿真。功能仿真只测试设计项目的逻辑行为，而时序仿真既测试逻辑行为，也测试实际器件在最差条件下设计项目的真实运行情况。

仿真测试既可以利用 Quartus Ⅱ自带的仿真模块进行仿真，也可以利用第三方软件 modelsim_altera 进行仿真。究竟选择哪一个软件进行仿真，应依据设计项目的特点确定。下面分别对两种仿真方法进行介绍。

☆ 方法一：基于 Quartus Ⅱ 自身工具模块的仿真

1) 建立激励文件

仿真需要提供对设计(工程)进行仿真测试的激励文件，基于 Quartus Ⅱ自身工具模块的仿真需要的激励文件由 Quartus Ⅱ波形编辑器来产生，为矢量波形文件(.vwf)。

第一步：在 Quartus Ⅱ工程窗口，选择"File"菜单中的"New"项，弹出如图 3.23 所示对话框，选择"University Program VWF"，单击"OK"按钮，弹出如图 3.24 所示窗口。

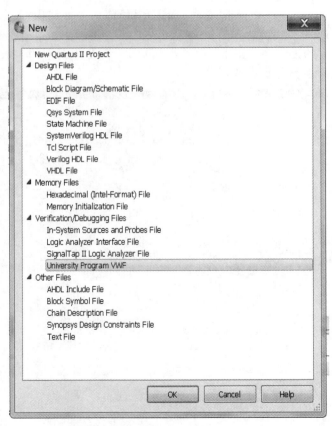

图 3.23　建立矢量波形文件(一)

图 3.24　建立矢量波形文件(二)

第二步：设置仿真时间区域。在图 3.24 中，选择"Edit"菜单中的"Set End Time …"项，弹出如图 3.25 所示对话框，填入仿真的时间，选择单位，单击"OK"按钮。结束设置。

图 3.25　设立仿真时间

第三步：保存波形文件。选择"File"菜单中的"Save As"项，将 decoder_38.vwf(默认名)的波形文件存入工程文件夹 C:\altera\txhFPGA\decoder_38 中。

第四步：输入信号节点。将 3-8 译码器的端口信号选入波形编辑器中，方法是：首先选择"Edit"菜单中的"Insert"→"Insert Node Or Bus…"选项，弹出如图 3.26 所示对话框，然后单击"Node Finder…"按钮，弹出如图 3.27 所示对话框。在图 3.27 的"Filter"框中选"Pins：all"，然后单击"List"按钮，则在下方的"Nodes Found"窗口出现 decoder_38 工程的所有引脚名(如果此对话框中的 List 不显示，需要重新编译一次，然后再重复以上操作过程)，如图 3.28 所示。

图 3.26　输入仿真节点(一)

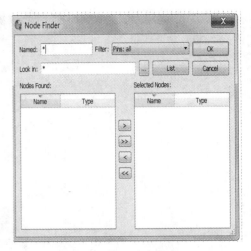

图 3.27　输入仿真节点(二)

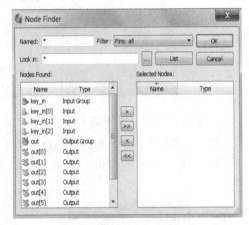

图 3.28　输入仿真节点(三)

　　选择要插入的节点，可以按">""<"逐个添加或删除节点，也可以按">>""<<"添加或删除所有节点，如图 3.29 所示，选择完毕后按"OK"按钮，如图 3.30 所示。

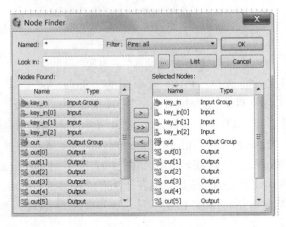

图 3.29　输入仿真节点(四)

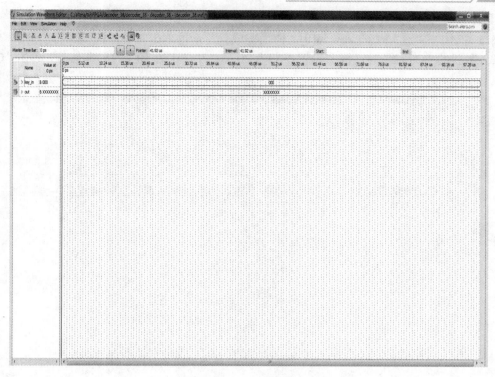

图 3.30　输入仿真节点(五)

　　第五步：编辑输入波形(输入激励信号)。图 3.30 中给出的信号是总线形式，如 key_in、out。若需要对每个输入信号进行波形编辑时，点击 key_in 左边的小三角，即可打开 key_in[2]、key_in[1]、key_in[0]，如图 3.31 所示。

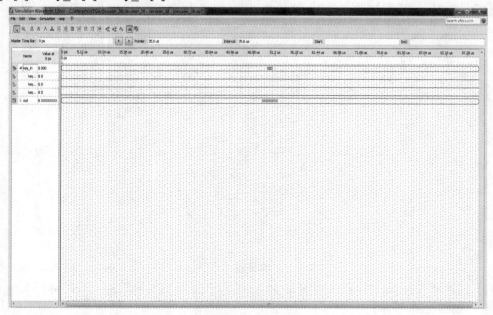

图 3.31　编辑输入波形(一)

具体设置方法如下：

(1) 单击选中图 3.31 的 key_in[0]，使之变成蓝色，再单击时钟的快捷图标 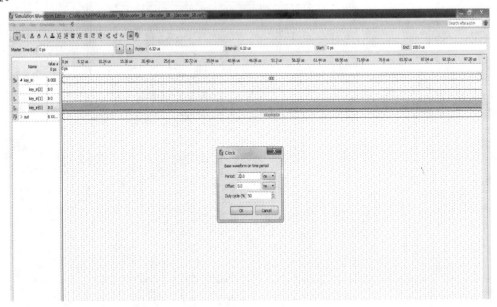，在如图 3.32 所示的"Clock"对话框中设置周期为 20 μs、占空比为 50%的周期信号，单击"OK"按钮。

图 3.32 编辑输入波形(二)

得到 key_in[0]的波形，如图 3.33 所示。

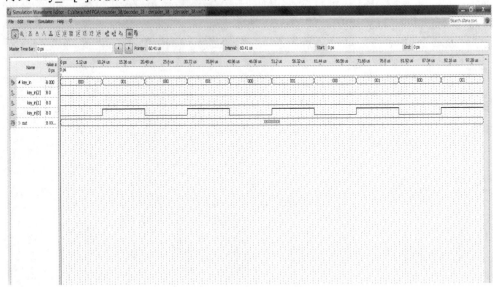

图 3.33 编辑输入波形(三)

(2) 同理将 key_in[1]设置成周期为 40 μs、占空比为 50%的周期信号，可得 key_in[1]的波形，如图 3.34 所示。

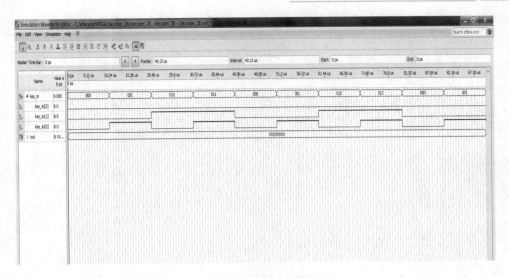

图 3.34　编辑输入波形(四)

(3) 在 key_in[2]的波形编辑区，按住鼠标左键拖动 30 μs 松开，点击设置低电平的快捷图标 ，即设置该段为低电平，同理再设置 30 μs 为高电平，40 μs 为低电平，最后得到三个输入节点的波形，如图 3.35 所示。单击"保存"按钮，则波形激励文件 decoder_38.vwf 就建好了。

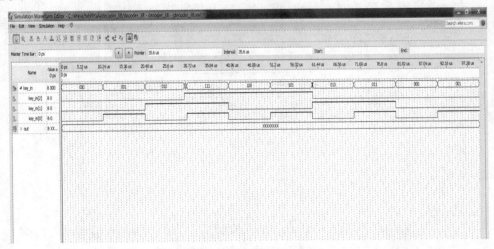

图 3.35　编辑输入波形(六)

2) 仿真测试

在如图 3.35 所示的"Simulation Waveform Editer"对话框下，为基于 Quartus Ⅱ自身工具模块开展仿真测试，可进行功能仿真与时序仿真，依据波形可判断程序(即项目设计)的正确性以及时序是否满足要求，其步骤如下：

(1) 选择"Simulation"菜单中的"Option"，弹出"Option"对话框。选择推荐的仿真软件 ModelSim，单击"OK"即可，如图 3.36 所示。

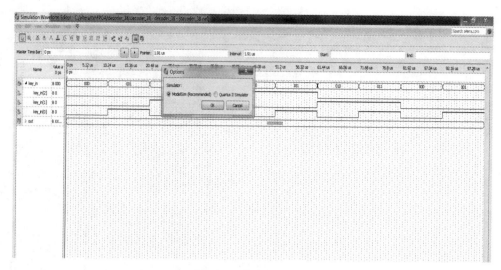

图 3.36 仿真测试(一)

(2) 选择 "Simulation" 菜单中的 "Run Functional Simulation" (功能仿真)，得到仿真结果，如图 3.37 所示。由输入与输出的波形可判断是否实现了设计的目标，如果没有实现，说明设计的程序有问题，需对程序进行修改，直到仿真结果与设计的目标一致。

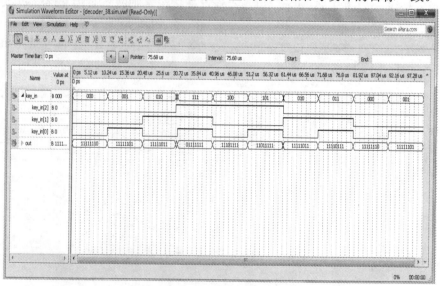

图 3.37 仿真测试(二)

(3) 选择 "Simulation" 菜单中的 "Run Timing Simulation" (时序仿真)，得到仿真结果，如图 3.38 所示。显然，功能仿真与时序仿真的结果在输入信号电平发生变化的时刻还是有区别的。

(4) 选择 "Simulation" 菜单中的 "Generate Modelsim Testbench and Script"，产生 modelsim testbench 激励文件与 script 脚本文件，存储在 C:/altera/txhFPGA/decoder_38/simulation/modelsim/decoder_38.vwf.vt 和 C:/altera/txhFPGA/decoder_38/simulation/modelsim/decoder_38.vwf.do 中。decoder_38.vwf.vt 文件进行适当修改即可作为第二种仿真测试方法的激励文件。

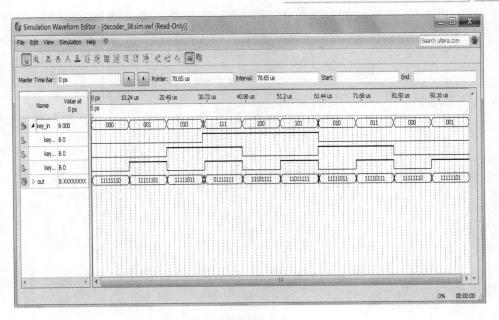

图 3.38 仿真测试(三)

以上为基于 Quartus Ⅱ自身工具模块开展仿真的步骤，可进行功能仿真与时序仿真，依据波形可判断程序(即项目设计)的正确性以及时序是否满足要求。

☆ 方法二：基于第三方软件 modelsim_altera 的仿真

1) 编写激励文件

第一步：创建 testbench 激励文件模板。在 Quartus Ⅱ工程窗口，选择"Processing"菜单中的"Start"→"Sstart Test Bench Template Writer"项，如图 3.39 所示。弹出提示框，提示激励文件模板创建成功，如图 3.40 所示，单击"OK"按钮。

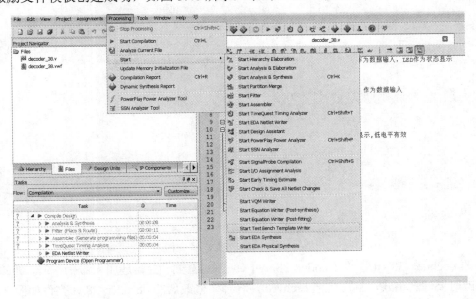

图 3.39 创建激励文件模板(一)

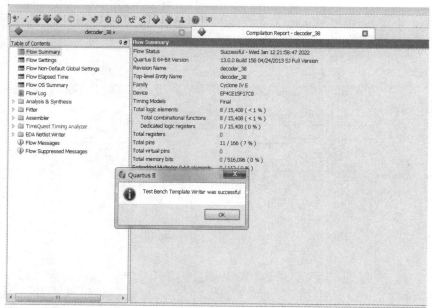

图 3.40 创建激励文件模板(二)

第二步：打开模板文件，修改保存，得到激励文件。在 Quartus Ⅱ工程窗口，选择"File"
菜单中的"Open"项，打开 C:/altera/txhFPGA/decoder_38/simulation/ modelsim/decoder_38.vt
文件(创建的模板默认存放位置，且文件名自动命名)，如图 3.41 所示。

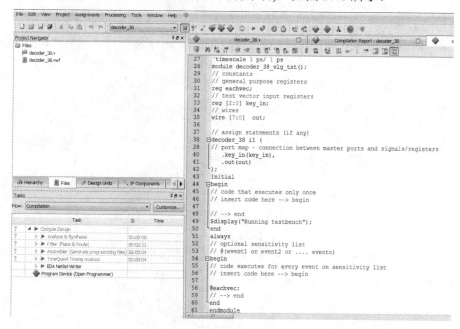

图 3.41 修改激励文件(一)

修改 decoder_38.vt(参考 decoder_38.vwf.vt 进行修改)，主要是加入激励信号，即输入信
号。修改时要注意格式，且需要把 eachvec 注释掉。修改后的 decoder_38.vt 文件如图 3.42 所
示。设置文件名为"decoder_38.vt"，"module"名为"decoder_38_vlg_tst"，实例为"i1"，仿

真时间为"100us"，"timescale"为"1ps"(这些信息在下面的参数设置中要用)，并保存文件。

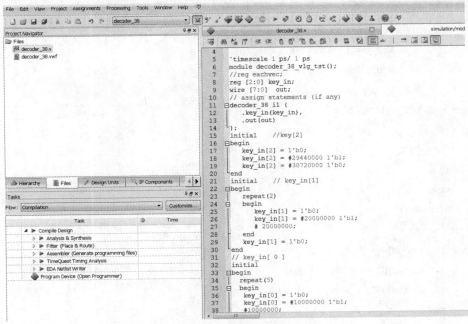

图 3.42　修改激励文件(二)

3-8 译码器仿真激励文件 decoder_38.vt 程序如下：

```
// Verilog Test Bench template for design : decoder_38

// Simulation tool : ModelSim-Altera (Verilog)

`timescale 1 ps/ 1 ps

module decoder_38_vlg_tst();

//reg eachvec;

reg [2:0] key_in;

wire [7:0]    out;

// assign statements (if any)

decoder_38 i1 (

        .key_in(key_in),

        .out(out)

        );

initial        //key[2]

begin

        key_in[2] = 1'b0;

        key_in[2] = #29440000 1'b1;

        key_in[2] = #30720000 1'b0;

end

initial        // key_in[1]

begin
```

```
        repeat(2)
        begin
                key_in[1] = 1'b0;
                key_in[1] = #20000000 1'b1;
                # 20000000;
        end
        key_in[1] = 1'b0;
    end
    // key_in[ 0 ]
    initial
    begin
      repeat(5)
      begin
          key_in[0] = 1'b0;
          key_in[0] = #10000000 1'b1;
          #10000000;
      end
    end
    endmodule
```

2) 设置仿真环境参量

在 Quartus Ⅱ工程窗口，选择"Assignments"菜单下的"Setting"→"EDA Tool Setting"→"Simulation"项，弹出如图 3.43 所示对话框。

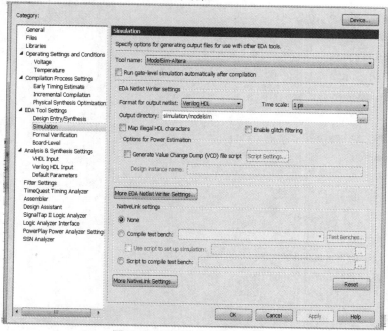

图 3.43 设置仿真环境参数(一)

依据激励文件修改参量，如将"Time scale"栏设置为"1ps"(与激励文件一致)，并选择"Compile test bench"后，单击"Test Benches…"项，弹出"Test Benches"对话框，如图 3.44 所示。单击"New…"按钮，弹出"New Test Bench Settings"对话框，如图 3.45 所示。

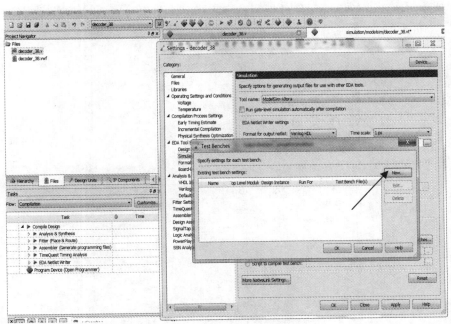

图 3.44　设置仿真环境参数(二)

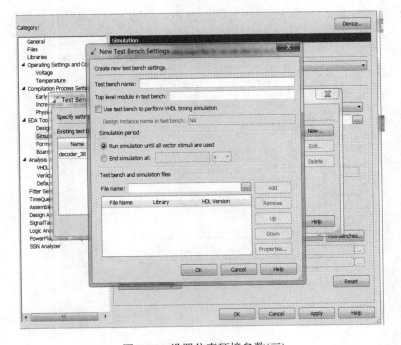

图 3.45　设置仿真环境参数(三)

参数设置如图 3.46 所示。

(1) 填写激励文件名"decoder_38"。

(2) 填写激励文件中的 module 名"decoder_38_vlg_tst"。

(3) 勾选方框，并填写激励文件中的实例名"i1"。

(4) 选中"End simulation at"并填写数字"100"，单位为"us"(与激励文件一致)。

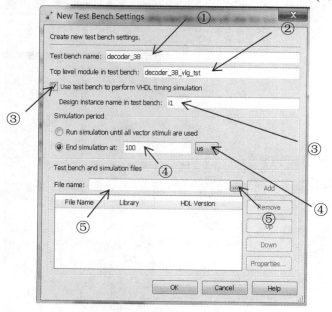

图 3.46　设置仿真环境参数(四)

(5) 单击"File name"栏后的"…"键，弹出"Selet File"对话框，如图 3.47 所示。

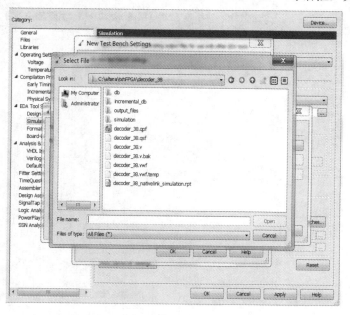

图 3.47　设置仿真环境参数(五)

在 C:/altera/txhFPGA/decoder_38/simulation/modelsim 下找到激励文件"decoder_38.vt"，如图 3.48 所示。

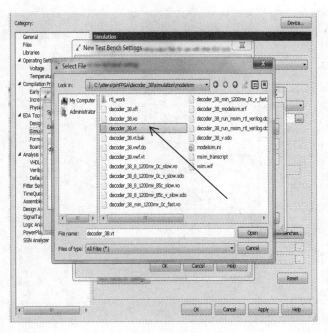

图 3.48　设置仿真环境参数(六)

单击"decoder_38.vt"，弹出"New Test Bench Settings"对话框，如图 3.49 所示。

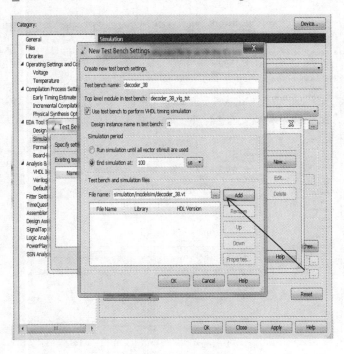

图 3.49　设置仿真环境参数(七)

单击"Add"按钮，弹出"New Test Bench Settings"对话框，选取激励文件，如图 3.50 所示界面。

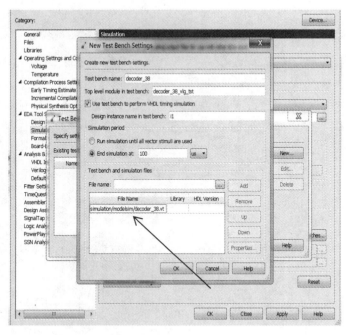

图 3.50　设置仿真环境参数(八)

单击"OK"按钮，弹出"Test Benches"对话框，显示激励文件参数，如图 3.51 所示。

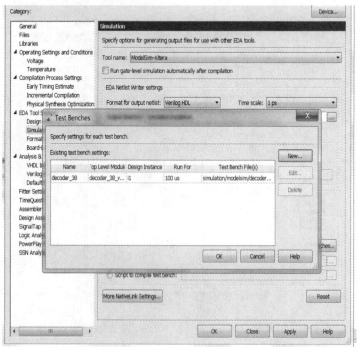

图 3.51　设置仿真环境参数(九)

单击"OK"按钮，完成激励文件的填写，如图 3.52 所示。

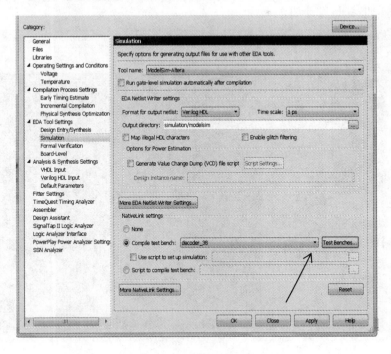

图 3.52　设置仿真环境参数(十)

3) 仿真

在 Quartus Ⅱ工程窗口，选择"Tools"菜单下的"Run Simulation Tool"→"RTL Simulation"，如图 3.53 所示。

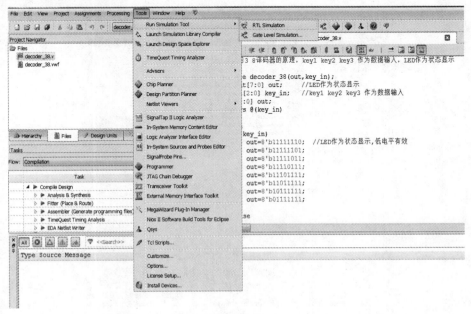

图 3.53　仿真测试(一)

自动获得仿真结果(如果没有获得结果，可能是因为 test bench 语法有问题)，如图 3.54 所示。从仿真结果看与设计要求一致。

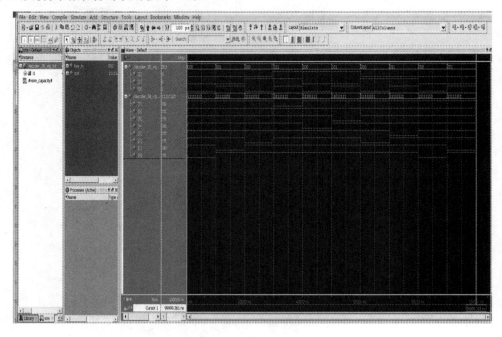

图 3.54　仿真测试(二)

若仿真时出现找不到 ModelSim 的错误，其解决办法如下：

(1) 在 Quartus Ⅱ工程窗口，选择 "Tools" → "Options"，打开 "Options" 对话框，如图 3.55 所示。

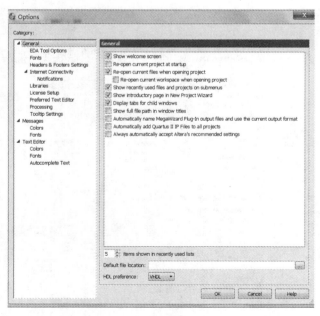

图 3.55　仿真错误解决方法(一)

(2) 选择"EDA Tools Options"项，对 ModelSim 的路径进行修改(先在安装文件夹内找到 modelsim.exe 的路径)，如图 3.56 所示。

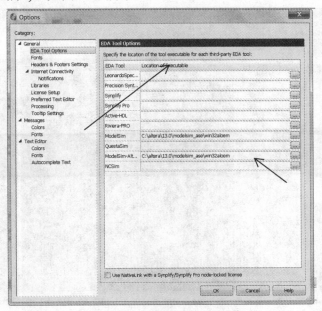

图 3.56　仿真错误解决方法(二)

(3) 关于 ModelSim 进行 recomplie 操作。首先修改.v 或.vt 文件，然后在"Library"中找到修改后的文件，如图 3.57 所示。

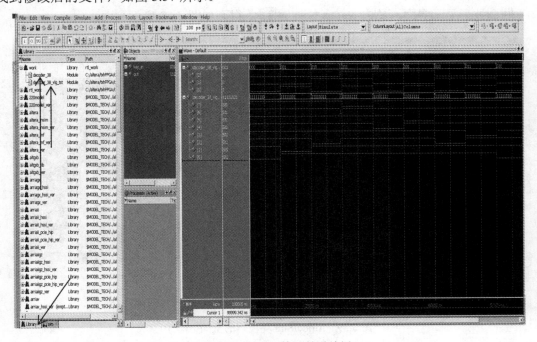

图 3.57　ModelSim 环境下的重编译(一)

选中该文件后单击鼠标右键，在菜单中选择"Recompile"，进行重新编译，如图 3.58 所示。

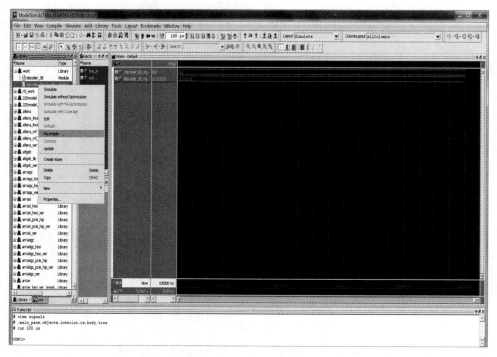

图 3.58　ModelSim 环境下的重编译(二)

回到波形显示界面，单击 restart 快捷键，得到如图 3.59 所示画面。

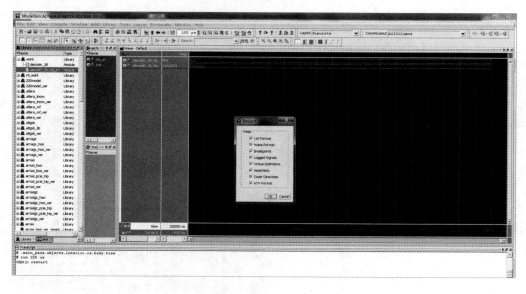

图 3.59　ModelSim 环境下的重编译(三)

单击"OK"按钮后，再点击 run-all 快捷键，即可仿真显示修改后的文件波形。

5. 引脚锁定与 .sof 文件下载

为了能对设计的项目进行硬件测试，应将设计项目的输入/输出信号锁定在芯片确定的引脚上。将引脚锁定后应再编译一次，把引脚信息一同编译进配置文件中，最后就可以把配置文件下载到目标器件中，具体步骤如下。

1) 引脚锁定

在 Quartus Ⅱ工程窗口，选择“Assignments”菜单中的“Pin Planner”(或点击快捷键)，如图 3.60 所示。

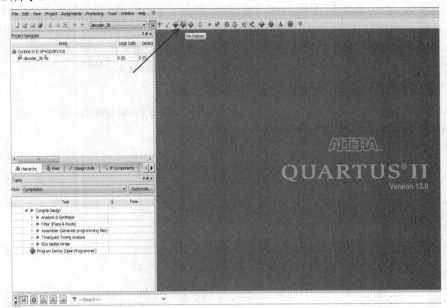

图 3.60　引脚锁定(一)

引脚列表如图 3.61 所示。

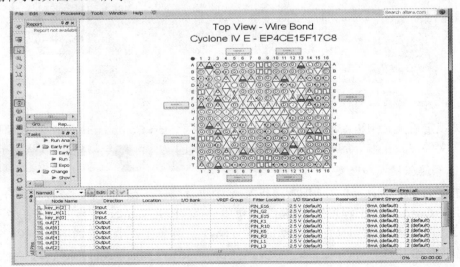

图 3.61　引脚锁定(二)

在"Location"对应的行中双击鼠标左键，将显示芯片所有的引脚，选择要使用的引脚即可。以同样的方法可将所有端口锁定在对应的引脚上，然后直接关闭就好。

需要特别说明的是，FPGA 的 I/O 引脚很多，但引脚锁定不能随意设置，应结合设计的FPGA 电路板进行。例如，如果电路板上作为 3-8 译码器的 3 个输入信号分别与 FPGA 的G5、F2、F1 相连，则在引脚锁定时应将 key_in[2]、key_in[1]、key_in[0]锁定在 FPGA 的G5、F2、F1 引脚上，输出引脚也一样。由第 2 章可知，CRD500 开发板有 5 个 BTN 按键和 8 个 LED 灯，为便于程序下载后对 3-8 译码器的性能进行测试，可将 key3、key2、key1 3 个 BTN 按键作为 3-8 译码器的输入，8 个 LED 灯作为 3-8 译码器的输出，因此，将 key_in[2]、key_in[1]、key_in[0]分别锁定在 FPGA 的 N11、P11 和 T10 引脚，将 out[7]～out[0]分别锁定在 T14、R14、T13、R13、T12、R12、T11、R11 引脚(由第 2 章可知，FPGA 的 N11、P11 和 T10 引脚分别与 key3、key2、key1 按键相连，T14、R14、T13、R13、T12、R12、T11、R11 引脚分别与 Led[7]～Led[0]相连)，如图 3.62 所示。

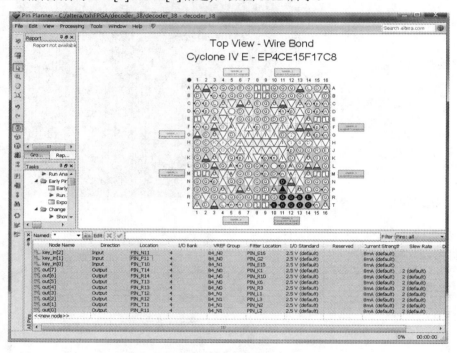

图 3.62 引脚锁定(三)

引脚锁定后，必须再编译一次("Processing"→"Start Compilation")，将引脚信息编译进下载文件中。在编译后产生的文件中，.sof 格式的文件可直接下载到 FPGA 中运行。

2) 选择编程模式和配置

为了将编译产生的.sof 文件配置进 FPGA 中进行测试，首先将系统连接好，开发板上电，然后在 Quartus Ⅱ工程窗口"Tool"菜单中选择"Programmer"，将出现图 3.63 所示的编程窗口。在"Mode"栏选择编程模式为"JTAG"，并单击选中出现的下载文件右侧的第一个小方框，给其打"√"。如果此文件没有出现，点击左侧的"Add File"，选择配置文件decoder_38.sof。

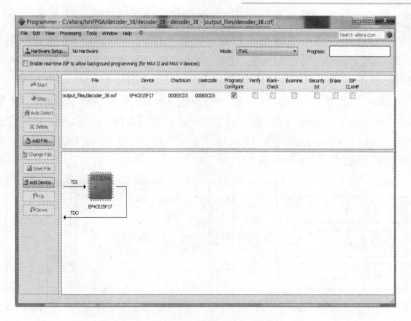

图 3.63　编程模式选择与配置(一)

单击"Hardware Setup"后，在弹出的对话框中选择硬件，如图 3.64 所示。然后单击"Close"按钮，返回到图 3.63 所示对话框，再单击左侧的"Start"项。当右上角的"Progress"栏显示为 100%，底部处理栏出现"Configuration Succeeded"时，则表示编程成功。由于这里演示时没有连接板子，所以"Start"显示是灰色的。

图 3.64　编程模式选择与配置(二)

6. 板载测试

.sof 文件下载成功后，即可开展性能测试。对于 CRD500 开发板来说，有 5 个 BTN 按键和 8 个指示灯，可利用这些资源进行板载测试，检验程序的正确性。3-8 译码器板载测试如图 3.65 所示。因为 BTN 按键不按下时输出为低电平，按下时输出为高电平，给 8 个指示灯输入高电平时灯亮，输入低电平时灯灭。根据上面的引脚锁定，3-8 译码器的 3 个输入与 key3、key2、key1 这 3 个按键相连，3-8 译码器的 8 个输出与 8 个指示灯相连。板载测试就是由 3 个按键产生 000~111 共 8 组输入信号，通过指示灯的亮与灭判断 3-8 译码器输出的正确性。例如，3 个键均不按，即 3-8 译码器的 3 个输入为 000，根据表 3.1 可知，out[0] 输出应为低电平，out[1]~out[7]输出应为高电平，此时 LED0 应灭，其余 7 个灯应亮。以此类推，key3、key2、key1 这 3 个按键均按下时，输出高电平，LED[7]应灭，其余 7 个灯应亮。逐一测试，测试结果填入表 3.2 中。

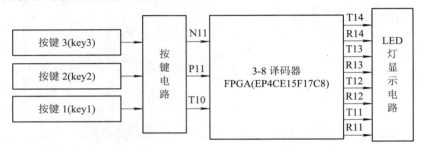

图 3.65　3-8 译码器板载测试图

表 3.2　3-8 译码器测试结果

输入(按键)			输出(LED 灯)							
key3	Key2	Key1	LED0	LED1	LED2	LED3	LED4	LED5	LED6	LED7
不按	不按	不按	灭	亮	亮	亮	亮	亮	亮	亮
不按	不按	按下	亮	灭	亮	亮	亮	亮	亮	亮
不按	按下	不按	亮	亮	灭	亮	亮	亮	亮	亮
不按	按下	按下	亮	亮	亮	灭	亮	亮	亮	亮
按下	不按	不按	亮	亮	亮	亮	灭	亮	亮	亮
按下	不按	按下	亮	亮	亮	亮	亮	灭	亮	亮
按下	按下	不按	亮	亮	亮	亮	亮	亮	灭	亮
按下	按下	按下	亮	亮	亮	亮	亮	亮	亮	灭

若测试结果与表中结果完全一致，则说明设计的 3-8 译码器源程序 decoder_38.v 正确，可将程序烧写到 FLASH 器件中。否则，应修改源程序，直到测试结果正确为止。

3.4　FLASH 程序生成与下载

编译生成的 .sof 文件尽管可直接下载到 FPGA 中运行并进行性能测试，但断电后，由于 FPGA 的存储器为 SRAM，而使得 FPGA 中的程序不复存在。要实现程序的脱机运行，还必须将程序下载到 CRD500 的 FLASH 芯片 M25P16(与 EPCS16 兼容)中。由于 .sof 格式的文件不能直接下载到 FPGA，因此，需先进行格式转换，将 .sof 格式的文件转换成适合下载到 FPGA 中的格式文件，即 .jic 文件，然后下载到 FPGA 中，步骤如下：

(1) 单击"File"→"Convert Programming Files"，打开转换编程文件对话框。

(2) 在弹出的对话框中进行文件类型设置。"Programming file type"项选择"JTAG Indirect Configuration File(.jic)"；"Configuration device"项选择"EPCS16"(与 CRD500 采用的 FLASH 芯片 M25P16 兼容)；"File name"设置成想输出的文件名称(此处设置为 output_file.jic)，如图 3.66 所示。

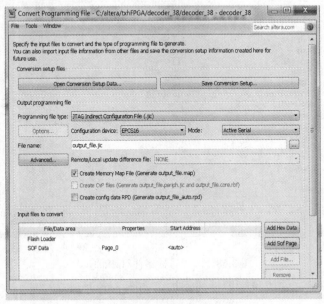

图 3.66　文件转换对话框

(3) 添加目标器件。单击"Flash Loader"，会在右侧显示"Add Device"按键可选，如图 3.67 所示。

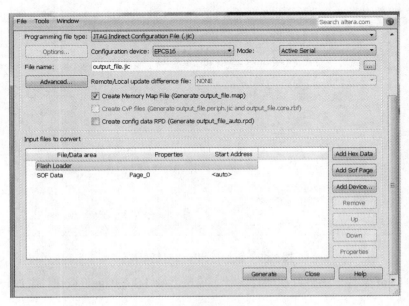

图 3.67　添加目标器件对话框(一)

单击"Add Device"按键，弹出"Select Devices"对话框，添加目标器件"EP4CE15"，如图 3.68 所示。

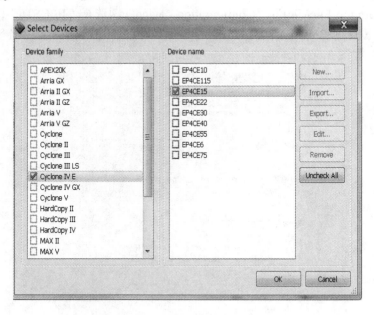

图 3.68　添加目标器件对话框(二)

单击"OK"按钮，完成目标器件的添加，如图 3.69 所示。

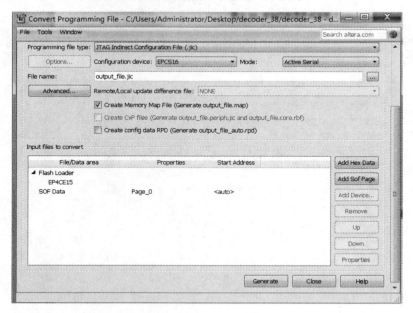

图 3.69　添加目标器件对话框(三)

(4) 添加 .sof 文件。选中目标器件名称，单击"Add Sof Page"按钮，添加一个 Page_0，如图 3.70 所示。

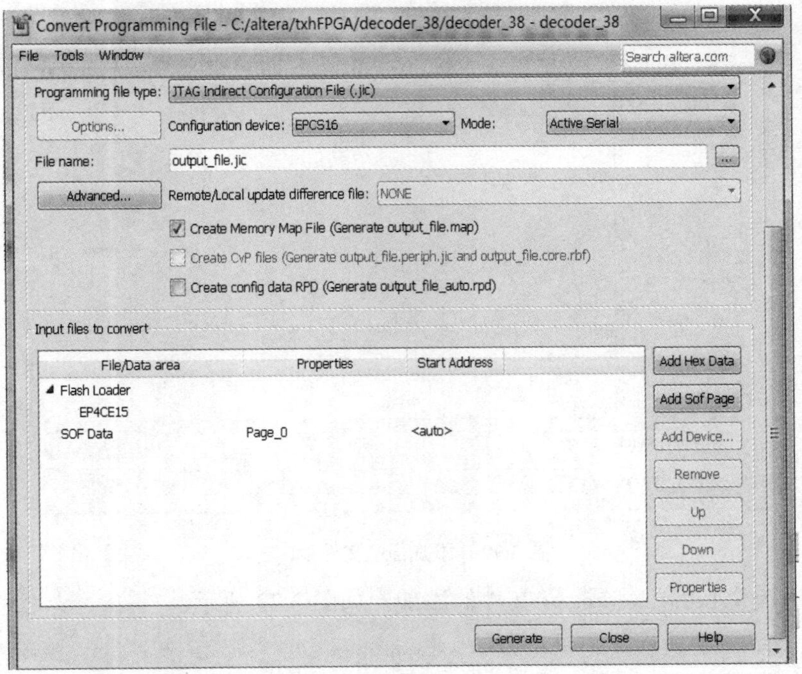

图 3.70　添加 .sof 文件对话框

选中"SOF Data",如图 3.71 所示。

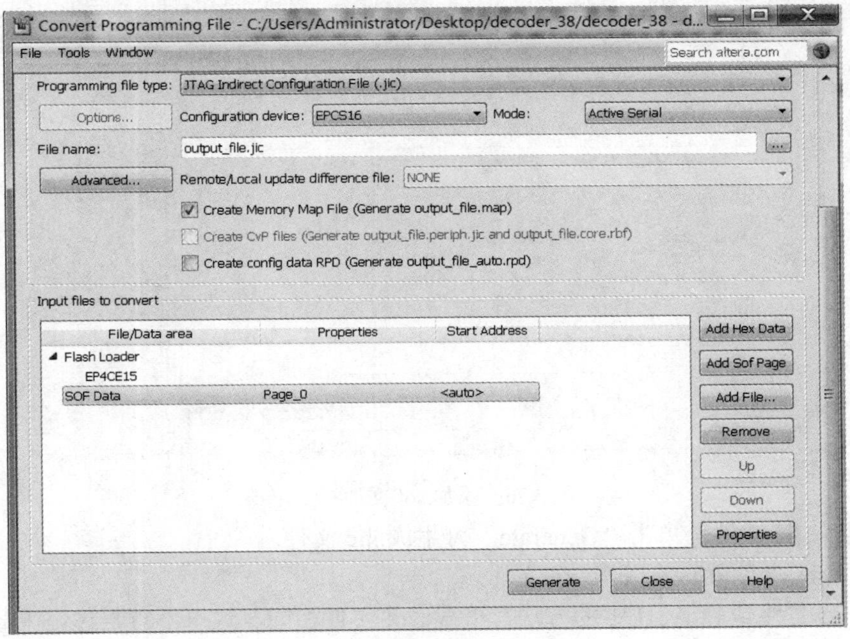

图 3.71　添加.sof 文件框(一)

单击"Add File"按钮,在弹出的对话框中选择生成好的 .sof 文件,如图 3.72 所示。

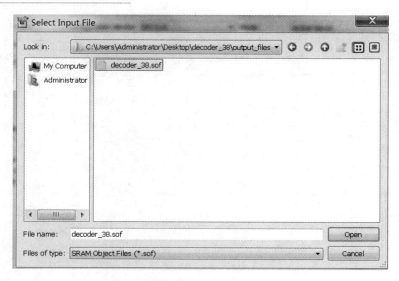

图 3.72　添加 .sof 文件框(二)

单击"Open"按钮，完成 .sof 文件的添加，如图 3.73 所示。

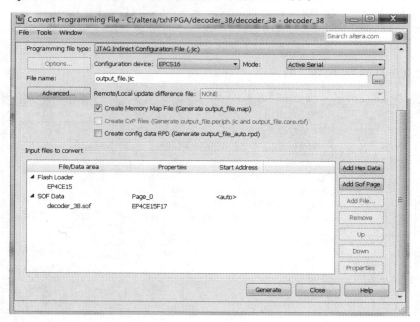

图 3.73　添加 .sof 文件框(三)

(5) 生成 .jic 文件。单击"Generate"可生成 .jic 文件。

这样，.sof 文件就转换成了 .jic 文件。

下载 .jic 文件到 FLASH 中的方法与下载 .sof 文件相同，这里不再赘述。下载完成后，开发板重新上电，此时，FPGA 首先采用 AS 配置方式将存储在 FLASH 中的程序下载到 FPGA 的 SRAM 中，然后初始化 FPGA，初始化完成后，进入正常工作状态。下次开机，执行相同的操作。

第 4 章

信号源设计与 FPGA 实现

在电子系统的开发中经常需要使用信号源，以便对设计的单元模块进行功能与性能测试。常规波形的信号可采用信号发生器来提供，不规则波形通常需要专门设计的信号源来产生，特别是需要产生包含噪声的信号时更是如此。另外，有时需要在开发的电子系统中内置一个信号源，以便对系统的核心单元进行自检测。可见，在电子系统的设计开发中，信号源的设计开发也是需要掌握的基本技能。本章讨论数字基带信号源——m 序列与模拟基带信号源——MLS 测角信号的设计与 FPGA 实现。

4.1 数字基带信号设计与 FPGA 实现

4.1.1 项目要求

项目名称：m 序列的 FPGA 实现。

项目要求：采用 Verilog HDL 语言编写长度为 $2^{15}-1$、码元速率为 1 Mb/s 的 m 序列的实现程序；按设计流程完成项目的开发、仿真与程序下载；进行板载测试，检验设计效果。

通过该项目开发，熟练运用 Quartus II 13.1 和 ModelSim 软件，掌握数字基带信号源的 FPGA 实现方法，具备采用 FPGA 设计数字信号源的能力。

4.1.2 m 序列及其产生原理

伪随机噪声既具有类似于随机噪声的一些统计特性，又便于重复产生与处理，它具有随机噪声的优点又避免了随机噪声不可复制的缺点，得到了广泛的应用。目前，伪随机噪声由数字电路产生的周期序列得到，这种序列称为伪随机序列。

伪随机序列的应用包括误码测试、时延测量、扩频通信、保密通信、卫星通信、北斗定位系统、数字信号源设计等，伪随机序列通常用反馈移位寄存器产生，分为线性反馈移位寄存器和非线性反馈移位寄存器两类。由线性反馈移位寄存器产生的周期最长的二进制数字序列称为最大长度线性反馈移位寄存器序列，简称为 m 序列。m 序列具有以下特性。

(1) 均衡性。在 m 序列的一个周期中，0 与 1 的数目基本相等，准确讲 1 的个数比 0 的个数多 1。

(2) 游程特性。一个序列中取值相同的、连在一起的元素称为一个"游程"。游程中元素的个数称为游程长度。m 序列中，长度为 1 的游程占游程总数的 1/2，长度为 2 的游程占游程总数的 1/4，…，长度为 k 的游程占游程总数的 2^{-k}，其中 $1 \leqslant k \leqslant n-1$。

(3) 移位相加特性。一个 m 序列 m1，与其经任意次延时移位产生的另一个不同序列

m2 模二加，得到的序列仍然是这个 m 序列的某个移位序列。

(4) 相关特性。令 x_i 为某时刻的 m 序列，而 x_{i+j} 为该序列的 j 次移位后的序列，则自相关值可以通过式(4-1)计算：

$$R(j) = \frac{A-D}{n} \tag{4-1}$$

式中，A、D 分别为 x_i 和 x_{i+j} 模二加后 0 和 1 的数目，n 为周期。由 m 序列的延时相加特性可知，x_i 和 x_{i+j} 模二加后仍是 m 序列，所以式(4-1)的分子就等于 m 序列一个周期中 0 的数目与 1 的数目之差。又由 m 序列的均衡特性可知，一个周期 m 序列中 0 的个数比 1 的个数少 1，因此，分子为–1，相关函数可写为

$$R(j) = \begin{cases} 1 & j = 0 \\ -\dfrac{1}{n} & j = 1, 2, \cdots, n-1 \end{cases} \tag{4-2}$$

(5) 随机特性。由于 m 序列具有均衡特性、游程特性，而且自相关函数具有类似于白噪声的自相关特性，所以，m 序列是一种伪随机序列。

m 序列可通过本原多项式产生，m 序列的本原多项式如表 4.1 所示。

表 4.1　m 序列的本原多项式

n	m 序列周期	本原多项式
2	$2^2 - 1 = 3$	$f(x) = x^2 \oplus x \oplus 1$
3	$2^3 - 1 = 7$	$f(x) = x^3 \oplus x \oplus 1$
4	$2^4 - 1 = 15$	$f(x) = x^4 \oplus x \oplus 1$
5	$2^5 - 1 = 31$	$f(x) = x^5 \oplus x^2 \oplus 1$
6	$2^6 - 1 = 63$	$f(x) = x^6 \oplus x \oplus 1$
7	$2^7 - 1 = 127$	$f(x) = x^7 \oplus x^3 \oplus 1$
8	$2^8 - 1 = 255$	$f(x) = x^8 \oplus x^4 \oplus x^3 \oplus x^2 \oplus 1$
9	$2^9 - 1 = 511$	$f(x) = x^9 \oplus x^4 \oplus 1$
10	$2^{10} - 1 = 1023$	$f(x) = x^{10} \oplus x^3 \oplus 1$
11	$2^{11} - 1 = 2047$	$f(x) = x^{11} \oplus x^2 \oplus 1$
12	$2^{12} - 1 = 4095$	$f(x) = x^{12} \oplus x^6 \oplus x^4 \oplus x \oplus 1$
13	$2^{13} - 1 = 8191$	$f(x) = x^{13} \oplus x^4 \oplus x^3 \oplus x \oplus 1$
14	$2^{14} - 1 = 16\,383$	$f(x) = x^{14} \oplus x^{10} \oplus x^6 \oplus x \oplus 1$
15	$2^{15} - 1 = 32\,767$	$f(x) = x^{15} \oplus x \oplus 1$
16	$2^{16} - 1 = 65\,535$	$f(x) = x^{16} \oplus x^{12} \oplus x^3 \oplus x \oplus 1$
17	$2^{17} - 1 = 131\,071$	$f(x) = x^{17} \oplus x^3 \oplus 1$
18	$2^{18} - 1 = 262\,143$	$f(x) = x^{18} \oplus x^7 \oplus 1$
19	$2^{19} - 1 = 524\,287$	$f(x) = x^{19} \oplus x^5 \oplus x^2 \oplus x \oplus 1$
20	$2^{20} - 1 = 1\,048\,575$	$f(x) = x^{20} \oplus x^3 \oplus 1$
21	$2^{21} - 1 = 2\,097\,151$	$f(x) = x^{21} \oplus x^2 \oplus 1$
22	$2^{22} - 1 = 4\,194\,303$	$f(x) = x^{22} \oplus x \oplus 1$
23	$2^{23} - 1 = 8\,388\,607$	$f(x) = x^{23} \oplus x^5 \oplus 1$
24	$2^{24} - 1 = 16\,777\,215$	$f(x) = x^{24} \oplus x^7 \oplus x^2 \oplus x \oplus 1$
25	$2^{25} - 1 = 33\,554\,431$	$f(x) = x^{25} \oplus x^5 \oplus 1$

下面以长度 $m = 2^{11} - 1 = 2047$ 为例，说明如何使用本原多项式产生 m 序列。由表 4.1 可知，其本原多项式为

$$f(x) = c_n x^n \oplus c_{n-1} x^{n-1} \oplus \cdots \oplus c_1 x \oplus c_0 = x^n \oplus c_{n-1} x^{n-1} \oplus \cdots \oplus c_1 x \oplus 1 = x^{11} \oplus x^2 \oplus 1 \qquad (4\text{-}3)$$

式中，c_j 为系数，取值为 0 或 1，符号 $\oplus$ 表示模二加。

n 级线性反馈移位寄存器如图 4.1 所示，D_j 表示移位寄存器，c_j 表示反馈是否相连，$c_j = 1$ 表示有反馈，$c_j = 0$ 表示无反馈。由式(4-3)并结合图 4.1 可知：① 本原多项式的 c_0、c_n 始终为 1，且与 n 的取值无关，说明采用线性反馈产生 m 序列时，不管 n 的取值为表中的哪一个值，反馈一定存在；② 反馈多项式最少为 3 项，也就是说，反馈线除 c_n 外，在 $c_1 - c_{n-1}$ 中最少还有一个反馈；③ 反馈线的数目由本原多项式的项数决定，项数越少，反馈线越少，实现越简单。

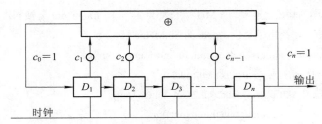

图 4.1　n 级线性反馈移位寄存器

对于长度为 2047 的 m 序列来说，其本原多项式为 $f(x) = x^{11} \oplus x^2 \oplus 1$，则通过线性反馈移位寄存器构成 m 序列的原理图如图 4.2 所示。

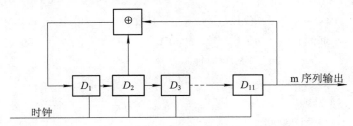

图 4.2　长度为 2047 的 m 序列实现原理图

本项目要求产生长度为 $2^{15} - 1$、码率为 1 Mb/s 的 m 序列，由表 4.1 可知，其本原多项式为 $f(x) = x^{15} \oplus x \oplus 1$，不难得到其实现原理图如图 4.3 所示。

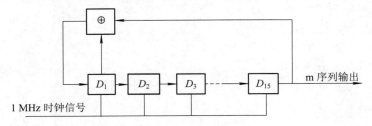

图 4.3　长度为 $2^{15} - 1$ 的 m 序列实现原理图

4.1.3　m 序列的 FPGA 实现

　　1 MHz 的时钟信号可由开发板的 50 MHz 晶体振荡信号分频得到，m 序列通过寄存器的线性反馈移位得到。在设计方案时，有两个问题应一并考虑：一是避免寄存器出现全 0 的状态，可通过对寄存器的起始状态进行非 0 的初始化，或者设计一个复位信号，复位键按下时对寄存器的起始状态进行非 0 的初始化；二是通过示波器稳定显示 m 序列的波形。由于 m 序列是伪随机序列，导致示波器不能稳定显示信号波形，为此，可按 m 序列的周期产生一个同步信号，将该同步信号作为示波器的外同步。考虑到 m 序列在一个周期内连续为 15 个 "1" 时只出现 1 次，可对 15 个寄存器的输出进行逻辑与来产生同步信号。相关程序如下：

```
//伪随机序列 m_sequence.v 程序清单
//m_out 为 m 序列输出，速率为 1 MHz，长度为 2^15 − 1，frame_out 为帧同步信号，clk2 为 1 MHz
时钟，rst 为复位信号，高电平复位，gclk 为 50 MHz 时钟
    module m_sequence(input rst,gclk,output m_out,frame_out,clk2);
        clk_1M U1(.rst(rst),.gclk(gclk),.clk(clk2));
        m_sequence1 U2(.clr(rst),.clk2(clk2),.m_out(m_out),
                      .frame_out(frame_out));
    endmodule
//clk_1M.v 程序
//功能：将系统时钟 gclk 进行 50 分频，产生 1 MHz 时钟
    module clk_1M (rst,gclk,clk);
        input      rst;              //复位信号，高电平有效
        input      gclk;             //板载时钟，50 MHz
        output     clk;              //1 MHz 时钟
        wire       rst,gclk;
        reg        clk=1'b0;
        reg[4:0] count=5'b00000;
        always @(posedge gclk)
            begin
              count = count+5'd1;
              if (count == 5'd25)
                begin
                  clk = ~clk;
                  count = 5'd0;
                end
            end
    endmodule
//m_sequence1.v 程序
//m_out 为 m 序列，frame_out 为帧同步信号，clk2 为 1 MHz 时钟
```

```
module m_sequence1(input clr,clk2,output reg m_out,frame_out);
    reg[14:0] shift_reg;
    always @(posedge clk2)
        begin
            if (clr)
                begin
                    shift_reg<=15'b1;
                end
            else
                begin
                shift_reg[0]<=shift_reg[13]^shift_reg[14];
                shift_reg[14:1]<=shift_reg[13:0];
                m_out<=shift_reg[14];
                frame_out<=(shift_reg[0]&shift_reg[1]&shift_reg[2]&shift_reg[3]&shift_reg[4]&shift_reg
                [5]&shift_reg[6]&shift_reg[7]&shift_reg[8]&shift_reg[9]&shift_reg[10]&shift_reg[11]&s
                hift_reg[12]&shift_reg[13]&shift_reg[14]);
                end
        end
    endmodule
```

仿真波形如图 4.4 所示。第 1 行为复位信号，第 2 行为 50 MHz 时钟信号(由晶体振荡器产生)，第 3 行为 1 MHz 时钟，第 4 行为 m 序列，第 5 行为同步信号(周期为 $2^{15}-1$ 个码元)。

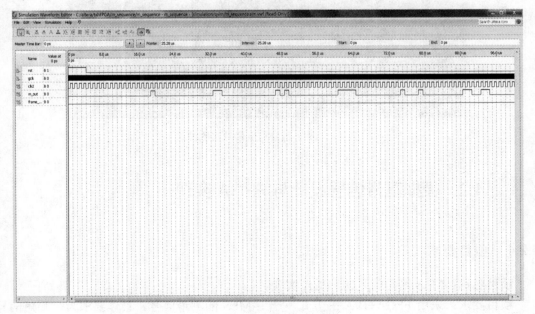

图 4.4   m 序列仿真图

对 CRD500 开发板进行引脚配置时，rst 与复位键相连，晶体振荡器 1 提供 50 MHz 时钟，1 MHz 时钟信号、m 序列以及同步信号由 40 针扩展接口输出。将程序下载到 FPGA，示波器测试输出信号的波形如图 4.5 和图 4.6 所示。由图可见，设计符合预期。

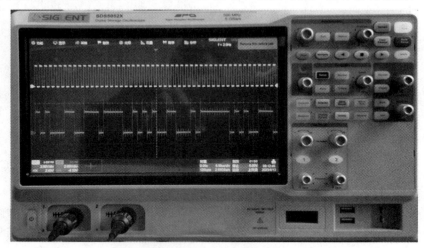

图 4.5　1 MHz 时钟信号与 m 序列实测波形

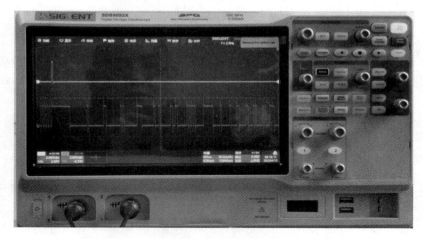

图 4.6　m 序列与同步信号实测波形

4.2　模拟基带信号设计与 FPGA 实现

4.2.1　项目要求

项目名称：MLS 测角信号的 FPGA 实现。

项目要求：采用 FPGA+D/A 的方式，产生 MLS 的测角信号。具体要求为：测角信号由往、返扫描脉冲与噪声组成，信噪比为+3 dB，往、返扫描脉冲为宽度是 200 μs 的钟形脉冲(用频率为 5 kHz 的余弦波形表示)，两个脉冲间的间隔为 1800 μs，采用 MATLAB 生成信号源数据时，采样频率为 6.25 MHz。

通过该项目的设计与开发，学会使用 Quartus Ⅱ 中的 IP 核，掌握 MATLAB 辅助的 FPGA 模拟信号产生方法，具备采用 FPGA 设计复杂模拟信号源的能力。

4.2.2　MATLAB 辅助 FPGA 设计与实现步骤

采用 MATLAB 辅助设计模拟信号源。首先，通过 MATLAB 产生周期、信噪比等符合要求的二进制数据，作为信号源数据；其次，在 FPGA 中利用单口 ROM IP 核存储信号源数据，并产生读数据地址和时钟，循环读取 IP 核中的数据到 D/A 转换器，产生模拟信号。

采用 MATLAB 辅助 FPGA 设计与实现的步骤如下：

(1) 在 MATLAB 下产生模拟信号源的数据。

(2) 对模拟信号源数据进行量化。

(3) 利用量化后的、满足单口 ROM 格式要求的数据(必须是无符号二进制数据)生成.mif 文件。

(4) 基于 .mif 文件与单口 ROM IP 核，在 Quartus Ⅱ 下产生时钟、地址等信号，实时读取数据，送到 D/A 转换器。

(5) 在时钟作用下完成 D/A 转换，得到模拟信号。

需要注意的是：① 量化位数应结合信号量化误差与 FPGA 资源折中选择；② 量化后的数据应转换成 .mif 文件要求的格式；③ 送到 D/A 转换器的数据格式应与 D/A 芯片要求的格式一致。

4.2.3　MLS 测角原理

在飞机进场着陆过程中，需要微波着陆系统(Microwave Landing System，MLS)的方位台给飞机实时提供偏离跑道中心线的角度信息(即方位角)。其测角原理为：MLS 地面方位台的方位天线高速扫描工作区，其机载接收机通过测量接收的往、返扫描脉冲的时间间隔来得到方位角。测角示意如图 4.7 所示。

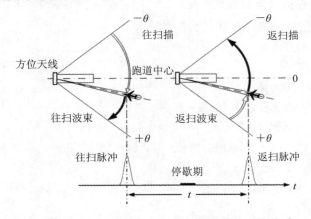

图 4.7　测量角度与往、返扫描脉冲间隔的关系

测量的角度与往、返扫描脉冲的时间间隔关系为

$$\theta = \frac{v}{2}(T_0 - t) \tag{4-4}$$

式中，v 为波束扫描速度，$v = 20\,000°/s$；t 为测量的往、返扫描的脉冲时间间隔；T_0 为飞机在跑道中心延长线时接收的往、返扫描脉冲时间间隔，$T_0 = 4800\ \mu s$。

时间间隔 t 可通过测量两个脉冲最大值之间的间隔来实现，但由于实际接收的信号会受到噪声的影响，导致最大值点出现误差，从而引起时间间隔 t 的测量误差。实际接收信号的波形如图 4.8 所示。

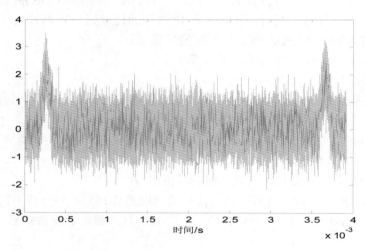

图 4.8　实际接收信号波形

本项目就是采用 FPGA 技术产生如图 4.8 所示波形的 MLS 测角信号。

4.2.4　MLS 测角信号的 FPGA 实现

按 4.2.2 小节的设计步骤完成 MLS 测角信号源的设计与 FPGA 实现。

1. MATLAB 下模拟信号源数据的产生

MATLAB 下模拟信号源数据产生的程序如下：

```
%MLS_signal.m 程序清单
clc %  清命令窗口
clear all          %清变量
close all          %关闭所有打开的图形窗
N=12;              %数据量化位数
%(1)产生一个包含两个钟形脉冲的理想信号，钟形脉冲由余弦信号形成，脉冲宽度总和为
200 μs(即余弦信号的频率为 5 kHz)
fs=6.25*10^6;      %设置采样率
delta=0.16*10^-6;  %采样间隔
for n=1:1000
```

```
        s(n)=0;
    end
    for n=1001:2251
        s(n)=cos(2*pi*(n-1001)*5*10^3*delta+pi)+1;
    end
    for n=2252:12251
        s(n)=0;
    end
    for n=12252:13502
        s(n)=cos(2*pi*(n-12252)*5*10^3*delta+pi)+1;
    end
    for n=13503:14503
        s(n)=0;
    end
    snr=3;                    %设置信噪比，单位为 dB
```

%(2)产生满足信噪比要求的带噪信号，其中 s 是纯信号，snr 是要求的信噪比，x 是带噪信号，noise 是叠加在信号上的噪声

```
    randn('state',sum(100*clock));   %设置每次产生随机数的状态实时变化参数，目的是使每次产生
                                        的随机数都不同
    noise=randn(size(s));           %用 randn 产生均值为 0、方差为 1 的正态分布白噪声
    noise=noise-mean(noise);        %由于长度有限，产生的噪声均值不为 0，计算噪声均值，并减去
```
均值，使有限长噪声均值为 0

```
    signal_power = 1/length(s)*sum(s.*s);          %计算信号的平均功率
    noise_variance = signal_power/(10^(snr/10));   %计算噪声方差(即功率)
    noise=sqrt(noise_variance)/std(noise)*noise;   %计算噪声的幅度
    x=s+noise;
    long=0.16*10^-6:(0.16*10^-6):(14503*0.16*10^-6);
    plot(long,s);
    xlabel('时间/s');
    ylabel('幅度/v');
    figure;
    plot(long,x);
    xlabel('时间/s');
    ylabel('幅度/v');
```

2. MATLAB 下模拟信号源数据的量化

MATLAB 下模拟信号源数据量化的程序如下：

```
    %Q_MLS_signal.m 程序清单
    %对产生的信号进行量化，量化结果存入.mif 文件，以用于生成信号源
```

```
x1=(x/max(abs(x))+1)/2;              %归一化正数(0~1 范围)
Q_x=round(x1*(2^N-1));               %12 位量化(.mif 文件要求为正整数)
figure;
plot(long,Q_x);
xlabel('时间/s');
ylabel('幅度/v');
%将量化后的信号以.mif 文件的格式写入文件 signal_rom.mif 中
fid=fopen('g:\anglemeasuringfilterdesign\signal_rom.mif','w');
fprintf(fid,'WIDTH=12;\r\n');
fprintf(fid,'DEPTH=14503;\r\n\r\n');
fprintf(fid,'ADDRESS_RADIX=UNS;\r\n');
fprintf(fid,'DATA_RADIX=UNS;\r\n\r\n');
fprintf(fid,'CONTENT BEGIN\r\n');
for nn=0:length(Q_x)-1
     fprintf(fid,'%d : %d;\r\n',nn,Q_x(nn+1));
end
fprintf(fid,'END;\r\n');
fclose(fid);
```

量化后生成的 12 位无符号二进制数据存储在 signal_rom.mif 文件中。.mif 格式为单口 ROM IP 核所要求的格式，signal_rom.mif 文件内容见附录 1。

MATLAB 产生的模拟信号源波形如图 4.9 所示，模拟信号源数据经量化后的波形如图 4.10 所示。从仿真结果可以看出，采用 12 位量化，量化前、后的信号波形误差很小，说明采用 12 位量化后的数据作为 FPGA 实现信号源的数据是可行的。

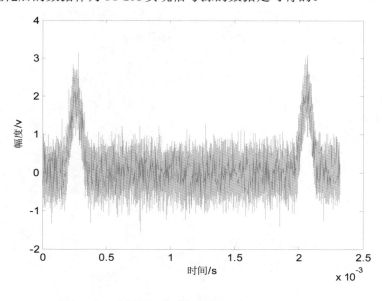

图 4.9　模拟信号源波形

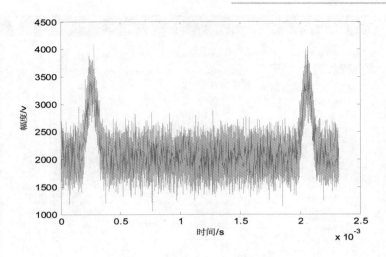

图 4.10　模拟信号源数据经量化后的波形

3. 信号源的 FPGA 实现

1) IP 核参数设置

Quartus Ⅱ软件为设计者提供了大量的 IP 核，包括算术运算类(arithmetic)、通信类(communications)、数字信号处理类(DSP)、接口类(interfaces)、存储器类(memory compiler)等。基于 IP 核设计项目可极大地提高电路设计的效率与可靠性。下面以本项目用到的单口 ROM IP 核为例，讨论 IP 核的运用。

在 Quartus Ⅱ的"Tools"菜单中选择"MegaWizard of Plug-In Manager"项，打开对话框，如图 4.11 所示。选中"Create a new custom megafunction variation"，单击"Next"按钮，得到如图 4.12 所示对话框。

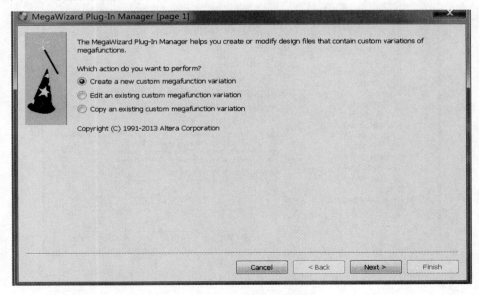

图 4.11　IP 核参数设计(一)

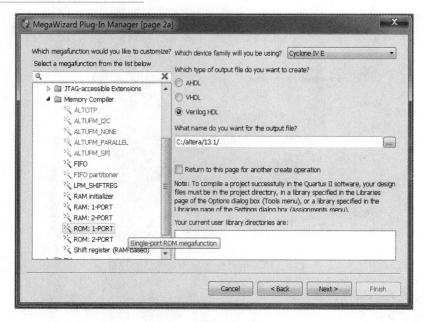

图 4.12　IP 核参数设计(二)

在对话框左侧选择"Memory Compiler"→"ROM:1-PORT"，在对话框右侧从上到下依次选择"Cyclone Ⅳ E""Verilog HDL"，并输入"C:/altera/13.1/txhFPGA/signal_produce (iir13.0)/signal_produce_IP"，以给出 IP 核的保存文件夹与 IP 核的名称(即 signal_produce_IP)，如图 4.13 所示。

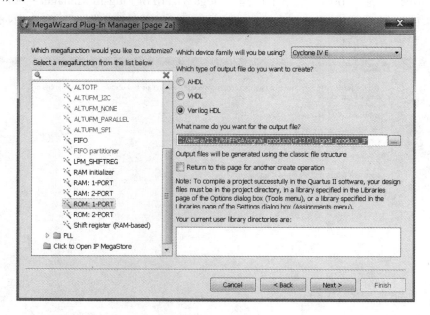

图 4.13　IP 核参数设计(三)

单击"Next"按钮，得到如图 4.14 所示的对话框。

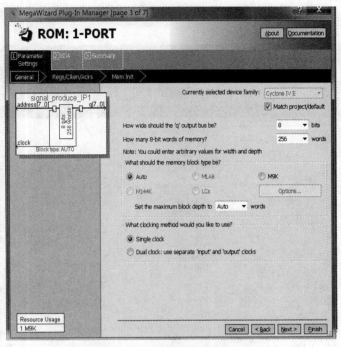

图 4.14　IP 核参数设计(四)

在对话框中输入单口 ROM 输出数据的宽度以及占用的寄存器总数，如图 4.15 所示。单口 ROM 存储的数据来源于生成的.mif 文件，这两个参数由.mif 文件中的数据宽度与数据总数确定。

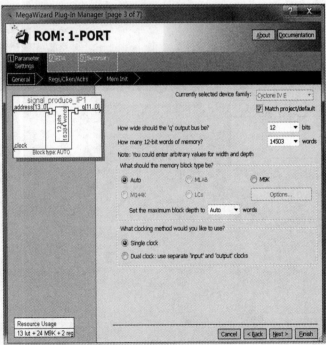

图 4.15　IP 核参数设计(五)

　　单击"Next"按钮，得到如图 4.16 所示对话框，该对话框用于设置时钟使能、异步清零以及读使能信号，不设置就不用选中。

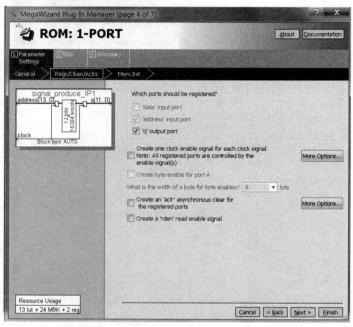

图 4.16　IP 核参数设计(六)

　　直接单击"Next"按钮，得到如图 4.17 所示对话框，该对话框用于设置单口 ROM 需要的数据文件(文件为.mif 格式)。

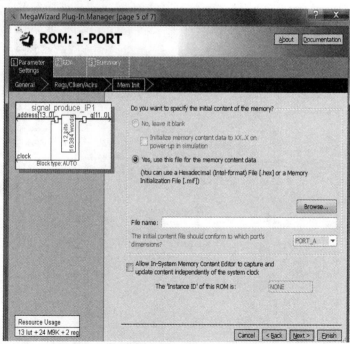

图 4.17　IP 核参数设计(七)

输入 .mif 文件的路径与文件名，如图 4.18 所示。

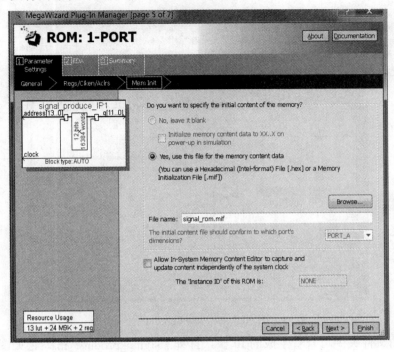

图 4.18　IP 核参数设计(八)

单击"Next"按钮，得到如图 4.19 所示对话框。

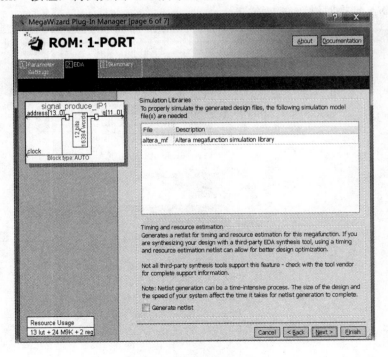

图 4.19　IP 核参数设计(九)

直接单击"Next"按钮，得到如图 4.20 所示的对话框，单击"Finish"按钮，完成 IP 核的设计。

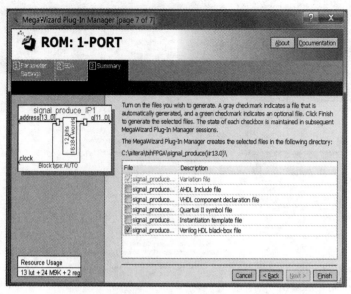

图 4.20　IP 核参数设计(十)

在设置的文件夹中可查看生成的 IP 核，打开"signal_produce_ip.v"，如图 4.21 所示，可查看该 IP 核的输入、输出端口信号等详细信息。生成的 IP 核输入信号为时钟和 14 位地址，输出为 12 位数据，输入的时钟用于控制读取数据的速度，时钟频率应与产生数据的采样频率以及 D/A 转换时钟频率一致。

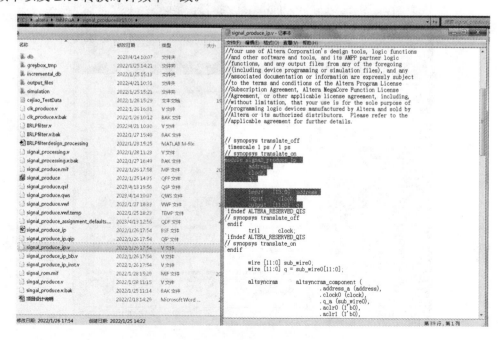

图 4.21　设置的 IP 核的信息

2) 时钟信号

时钟信号 clk_produce.v 程序如下：

//功能：产生 6.25 MHz 的时钟信号，作为单口 ROM 读取数据的时钟以及 D/A 转换(D/A 时钟与 A/D 时钟应一致)

```verilog
module clk_produce (rst,gclk,clk);
input       rst;              //复位信号，高电平有效
input       gclk;             //板载时钟，50 MHz
output      clk;              //8 分频时钟
wire rst,gclk;
reg clk=1'b0;
reg[2:0] count=3'b000;
always @(posedge gclk)
        begin
            count = count+3'd1;
            if (count == 3'd4)
                begin
                    clk = ~clk;
                    count = 3'd0;
                end
        end
end module
```

3) 信号源

信号源 singal_produce.v 程序如下：

//功能：产生循环读取单口 ROM 数据的地址，并将数据的高 8 位送到外部 D/A 转换器(存储的数据为 12 位无符号二进制数，外部 D/A 转换器要求输入数据为 8 位无符号二进制数)

```verilog
module signal_produce(rst,gclk2,clk2,da2_data);
input    rst;
input    gclk2;                  //板载时钟为 50 MHz
  output    clk2;                //8 分频时钟，6.25 MHz
    output    [7:0] da2_data;    //送给 DA2 的 8 位无符号二进制整数
wire unsigned[11:0] signal;
        reg[13:0] address = 14'b00000000000000;
        always @(posedge clk2)       //循环产生 ROM 存储单元的地址
          begin
            address=address+14'b00000000000001;
            if (address==14'b11100000000000)
              begin
                address=14'b00000000000000;
              end
```

```
                    end
clk_produce    u1(.rst(rst),.gclk(gclk2),.clk(clk2));
signal_produce_ip u2 (.address(address), .clock(clk2), .q(signal));
assign da2_data = signal[11:4]; //高 8 位数据作为外部 D/A 转换器的输入
endmodule
```

将编译后生成的.sof 程序下载到 FPGA 中运行，采用示波器观测的 D/A 转换器输出波形如图 4.22 所示。图中矩形框内的信号为 1 个周期的 MLS 测角信号，与设计要求一致，说明采用"FPGA+D/A"的方式设计信号源是有效的。

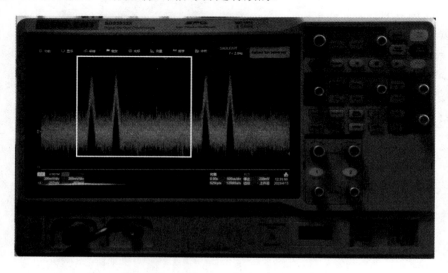

图 4.22　示波器观测的信号源波形

第 5 章

FIR 滤波器设计与 FPGA 实现

数字滤波就是通过数值运算的方法滤除某些频率分量，或者是改变信号中所含频率分量的相对比值。正是因为数字滤波的数值运算方式，使其具有精度高、稳定性好、实现灵活等优点，在很多方面都优于模拟滤波器，因此在现代电子系统中运用非常广泛。数字滤波器按单位脉冲响应长度可分为无限脉冲响应(Infinite Impulse Response，IIR)滤波器和有限脉冲响应(Finite Impulse Response，FIR)滤波器，本章以通信干扰低通滤波器为例，讨论 FIR 滤波器的设计与 FPGA 实现。

5.1 项目要求

项目名称： 通信干扰滤波器设计与 FPGA 实现。

项目要求： 采用三角窗函数完成对 FIR 数字低通滤波器的设计，并设计信号源，检验滤波效果。

指标要求： 数字低通滤波器性能指标为通带截止频率 900 Hz 处衰减不大于 1 dB，阻带截止频率 3900 Hz 处衰减不小于 20 dB。

通过该项目，掌握 FIR 滤波器设计与 FPGA 实现方法，具备采用 FPGA 设计 FIR 滤波器的能力；学会 FPGA 片上乘法器资源有限条件下乘法器的实现方法。

5.2 FIR 滤波器工作原理

滤波(Filter)就是对信号进行处理，抑制噪声和无用信号，得到所需信号。完成上述功能的设备称为滤波器。滤波器既可采用电阻、电容、电感等元件以及运算放大器等构成的硬件电路实现，也可采用软件(信号处理程序)完成。数字滤波就是采用数值计算的方法完成对信号的处理，得到所需要的信号，数字滤波的本质就是数字信号处理。数字滤波器由于具有稳定性好、精度高、灵活性强、易修改、体积小、重量轻等优点，在工程上得到广泛应用。数字滤波系统的基本组成如图 5.1 所示。

图 5.1 数字滤波系统的基本组成

如图所述，前置滤波器滤除带外噪声，A/D 转换器将模拟信号转换为数字信号，数字信号处理平台完成对信号的滤波处理，D/A 转换器将处理后的数字信号转换为模拟信号，平滑滤波器滤除量化噪声。数字信号处理平台可采用通用计算机、ASIC、DSP、FPGA、ARM 等实现。由于 FPGA 与 DSP 具有处理速度快、修改灵活等特点，得到广泛的应用。

FIR 与 IIR 滤波器各有所长，其特点有以下几个方面：

(1) FIR 滤波器的脉冲响应 $h(n)$ 有限长，输出仅与输入有关，与输出无关，从结构看，无反馈，采用非递归结构；而 IIR 滤波器 $h(n)$ 无限长，输出与输入及输出有关，从结构看，有反馈，采用递归结构。

(2) FIR 滤波器可以得到严格的线性相位；而 IIR 滤波器其相位特性一般是非线性，对于滤波器线性相位特性要求严格的场合，如数据传输、图像处理，它无法胜任。

(3) IIR 滤波器可以用较低的阶数获得很高的选择特性，所用存储单元少；而 FIR 滤波器要获得一定的选择性能，所要求的滤波器阶数远远大于 IIR 滤波器，需要的存储单元多，运算时间长，信号延迟大，可采用 FFT 技术减小运算时间。

(4) 滤波系数的量化误差可能导致 IIR 滤波器不稳定；而 FIR 滤波器不存在稳定性问题。

(5) IIR 滤波器主要有模拟滤波器转换为数字滤波器的设计法和计算机优化设计法；FIR 滤波器主要有窗函数设计法和频率抽样设计法。

FIR 滤波器的实现结构如图 5.2 所示。

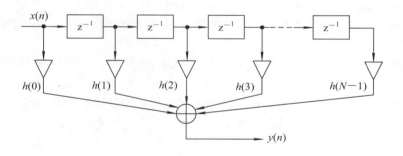

图 5.2 FIR 滤波器结构

FIR 滤波器输入/输出关系为

$$y(n) = \sum_{i=0}^{M} b_i x(n-i) = \sum_{i=0}^{M} h(i) x(n-i) \tag{5-1}$$

FIR 滤波器的设计就是依据滤波器的性能指标，设计滤波器系数 b_i，然后利用式(5-1)对输入 $x(n)$ 进行数值计算，实现对信号 $x(n)$ 的滤波，得到滤波后的信号 $y(n)$。

本项目采用三角窗函数设计 FIR 数字低通滤波器，三角窗又称为巴特利特窗(bartlett window)，其函数为

$$w(n) = \begin{cases} \dfrac{2n}{N-1} & 0 \leq n \leq \dfrac{N-1}{2} \\ 2 - \dfrac{2n}{N-1} & \dfrac{N-1}{2} < n \leq N-1 \end{cases} \tag{5-2}$$

三角窗的幅度函数为

$$W(\omega) = \frac{2}{N-1} \left\{ \frac{\sin\left[\left(\dfrac{N-1}{4}\right)\omega\right]}{\sin\dfrac{\omega}{2}} \right\}^2 \approx \frac{2}{N} \left(\frac{\sin\dfrac{N\omega}{4}}{\sin\dfrac{\omega}{2}} \right)^2 \tag{5-3}$$

近似结果在 $N \gg 1$ 时成立。此时，主瓣宽度为 $8\pi/N$。

三角窗函数的旁瓣峰值衰减为 25 dB，主瓣宽度为 $8\pi/N$。基于加三角窗函数设计的滤波器，其阻带衰减不大于 25 dB，过渡带带宽近似为 $8\pi/N$，精确值为 $6.1\pi/N$。

采用窗函数设计滤波器的步骤为：

(1) 由阻带衰减选择窗函数。

(2) 由过渡带计算 N。

(3) 由过渡带的中心计算 ω_c。

(4) 采用 MATLAB 的滤波器函数 fir1() 计算滤波器系数。

5.3　MATLAB 辅助数字滤波器设计与实现步骤

随着 EDA 技术的发展，在数字滤波器的设计中广泛采用 MATLAB 作为设计工具。MATLAB 辅助的数字滤波器设计与实现步骤如下：

(1) 在 MATLAB 下设计满足指标要求的数字滤波器，并通过幅频特性曲线观察是否满足指标要求。

(2) 在 MATLAB 下产生模拟信号源的数据，利用设计的滤波器对产生的模拟信号源数据进行滤波处理，通过观察滤波前、后信号源波形，判断设计的滤波器是否需要调整指标参数。

(3) 在 MATLAB 下对滤波器系数以及模拟信号源数据进行量化，利用量化后的滤波器对量化后的信号源进行滤波，判断滤波效果是否仍能达到要求。若达不到要求，改变滤波器的量化位数，直到滤波效果达到预期。

(4) 利用量化后的模拟信号源数据(必须是无符号二进制数据)在 MATLAB 中生成 .mif 文件，再利用 .mif 文件和 Quartus II 的单口 ROM IP 核，在 FPGA 中实现信号源，以便对 FPGA 滤波器进行板载测试。

(5) 利用在 MATLAB 下得到的量化后的滤波器系数，在 Quartus II 下采用 Verilog HDL 语言编写滤波处理程序，在 FPGA 中完成数字滤波器的实现。也可以采用 Quartus II 中 FIR IP 核来实现。

(6) 将 Quartus II 下编写的信号源程序与滤波程序下载到 FPGA 中，利用信号源对滤波器的滤波效果进行板载测试。测试通过后，删除信号源程序，直接将滤波程序下载到 FPGA 中，即可实现对信号的实时滤波处理。

5.4　通信干扰滤波器设计与 FPGA 实现

按照 5.3 节的步骤，为了在 FPGA 中实现 FIR 滤波器并进行板载测试验证，在 MATLAB

环境下需要得到.mif 格式的含有有用信号、噪声以及干扰的模拟信号源数据文件与滤波器系数文件；若 FIR 滤波器在 FPGA 中采用 IP 核实现，则只需要未经量化的滤波器系数文件；若自行编程实现，则需要量化后的滤波器系数文件。

1. MATLAB 下信号源数据产生与滤波器设计

bartlett_firlpf_design_processing.m 程序如下：

```
//功能：设计滤波器，产生模拟信号源数据
%设计的三角窗 FIRLPF 指标：fp=900 Hz，ap=1 dB；fs=3900 Hz，as=20 dB
%待滤波处理的信号为有用信号＋干扰＋噪声，其中，有用信号频率为 800 Hz 的正弦波，干扰
信号频率为 4000 Hz 的正弦波。信噪比 snr = 10 dB，信干比 sir = 0 dB
%(1)产生信号源数据，采样频率为 20 kHz，数据长度为 50 ms(即 1000 个数据)
fs=20*10^3;                     %设置采样率
delta=1/fs;                     %采样间隔 0.05 × 10⁻³
f1=800;                         %有用信号频率
f2=4000;                        %干扰信号频率
data_number=1000;
for n=1:data_number
s1(n)=1*sin(2*pi*f1*delta*(n-1));        %有用信号
s2(n)=1*sin(2*pi*f2*delta*(n-1)+pi/6);   %干扰信号，对于正弦信号，信干比 sir = 0 dB，则干扰信
号幅度与有用信号相等
end
snr=10;                         %设置信噪比，单位 dB
%产生满足信噪比要求的噪声序列
randn('state',sum(100*clock));     %设置每次产生随机数的状态实时变化，目的是使每次产生的
随机数都不同
noise=rand(size(s1));                 %rand 产生在(0, +1)间均匀分布的噪声
noise=noise-mean(noise);     %由于长度有限，产生的噪声均值不一定为 0.5，计算噪声均值，并
减去均值，使有限长噪声均值为零
signal_power = 1/length(s1)*sum(s1.*s1);     %计算信号的平均功率
noise_variance = signal_power/(10^(snr/10));  %计算噪声方差(即功率)
noise=sqrt(noise_variance)/std(noise)*noise;  %计算噪声在要求的方差下的幅度
%产生模拟信号源数据
x=s1+s2+noise;
length1=0:delta:(data_number-1)*delta;
plot(length1,x);                        %绘制原始信号波形
grid on
xlabel('时间/s');
ylabel('幅度/v');
%(2)利用三角窗设计满足要求的 FIR 低通滤波器(LPF)。指标为：fp=900 Hz，ap=1 dB；fs=
3900 Hz，as=20 dB
```

```
fp_value=900;
fs_value=3900;
ap=1;
as=20;
wp=2*fp_value/fs;              %归一化频率
ws=2*fs_value/fs;              %归一化频率
Wn=(wp+ws)/2;
n=ceil(6.1*pi/(ws-wp));
w=bartlett(n+1);              %低通
b=fir1(n,Wn,w);
%将生成的滤波器系数写入 FPGA 所需的 TXT 文件中
fid=fopen('c:\altera\txhFPGA\barfir_lpf\bartlett_FIRLPF.txt','w');
fprintf(fid,'%12.12f\r\n',b);    %系数位宽 12，精度 12 位的定点数
fclose(fid);
%绘制数字滤波器的幅频响应，判断是否满足指标要求
figure;                       %创造一个新的图形窗，原来的图还存在
[h1,f]=freqz(b,1,512,fs);      %计算数字滤波器的频率响应
plot(f,20*log10(abs(h1)));     %计算数字滤波器的幅频响应，并绘制
grid on
xlabel('频率/Hz');
ylabel('幅频响应/dB');
%(3)用设计的滤波器处理采样数据
%FIR 滤波方程为：y(n) = b(1)x(n) + b(2)x(n − 1) + ⋯ + b(N + 1)x(n − N)
y=filter(b,1,x);
%画出处理后数据的波形
figure;
plot(length1,y);
grid on
xlabel('时间/s');
ylabel('幅度/v');
%(4)对模拟信号源数据量化处理，并将量化结果存入.mif 文件
N=12;                         %采样数据的量化位数
x1=(x/max(abs(x))+1)/2;       %归一化正数(0~1 范围)
Q_x=round(x1*(2^N-1));        %12 位量化(.mif 文件要求为正整数)
figure;
plot(length1,Q_x);
grid on
xlabel('时间/s');
ylabel('幅度/v');
```

%将量化后的信号以.mif 文件的格式写入初始化文件 data_rom.mif 中

```
fid=fopen('c:\altera\txhFPGA\barfir_lpf\data_rom.mif','w');
fprintf(fid,'WIDTH=12;\r\n');
fprintf(fid,'DEPTH=1000;\r\n\r\n');
fprintf(fid,'ADDRESS_RADIX=UNS;\r\n');
fprintf(fid,'DATA_RADIX=UNS;\r\n\r\n');
fprintf(fid,'CONTENT BEGIN\r\n');
for nn=0:length(Q_x)-1
    fprintf(fid,'%d : %d;\r\n',nn,Q_x(nn+1));
end
fprintf(fid,'END;\r\n');
fclose(fid);
```

%(5)量化设计的滤波器，绘制幅频特性曲线，判断量化后的滤波器是否仍满足指标要求

```
M=12;                              %滤波器系数的量化位数
q_b=round(b/max(abs(b))*(2^(M-1)-1));     %系数归一化与量化
%绘制量化后数字滤波器的幅频响应
figure;                            %创造一个新的图形窗，原来的图还存在
[h1,f]=freqz(q_b,1,512,fs);        %计算数字滤波器的频率响应
plot(f,20*log10(abs(h1)));         %计算数字滤波器的幅频响应，并绘制
grid on
xlabel('频率/Hz');
ylabel('幅频响应/dB');
```

%(6)用量化后的滤波器对量化后的信号进行滤波，以判断量化前、后的滤波效果是否仍能达到预期

```
y=filter(q_b,1,Q_x);
%画出处理后数据的波形
figure;
plot(length1,y);
grid on
xlabel('时间/s');
ylabel('幅度/v');
```

得到的量化前、后的滤波器系数见附录 2，.mif 文件见附录 3。

　　特别说明：为了在 FPGA 中实现滤波器，必须对设计的滤波器系数进行量化。但对滤波器系数量化会导致滤波器的幅频特性曲线产生误差，且误差的大小与量化位数密切相关。量化位数越小，占用 FPGA 的资源越少，误差越大；量化位数越大，占用 FPGA 的资源越多，误差越小。因此如何合理选择量化位数非常关键。可通过仿真确定合适的量化位数，具体做法为：将量化位数逐渐增加，观察滤波器幅频特性曲线的变化，当量化位数增加到某一个值时，幅频特性曲线恰好满足指标要求，量化位数即为合适值。此时，滤波器性能指标满足要求，占用 FPGA 资源最少。

2. Quartus Ⅱ下信号源与滤波器的实现

两个 clk_produce_20k.v 模块分别产生发射时钟 clk2 与接收时钟 clk1。在 clk2 的作用下，不断产生读单口 ROM 信号源数据的地址，地址与时钟共同作用，从单口 ROM IP 核 signal_data_ip.qip 循环读取数据，送到 DA2 进行 D/A 转换，形成信号源的模拟信号。从单口 ROM IP 核 signal_data_ip.qip 输出的数据同时也送到信号处理模块，信号处理模块在 clk1 的作用下，读取来自单口 ROM 的信号源数据(12 位无符号二进制数据)，并进行格式转换，将原来的无符号二进制数转换为 12 位有符号二进制数，然后送到 bartlett_firlpf_processing.v 进行滤波，最后将滤波输出的有符号二进制数转换为 8 位无符号二进制数，送到 DA1 进行 D/A 转换，输出滤波后的模拟信号。也就是说，DA2 输出未处理的模拟信号，DA1 输出滤波后的模拟信号，观察两路信号的波形，可检验设计滤波器的有效性。

在本项目中，FIR 滤波器未采用 IP 核，而是采用自行编写的程序实现。通常 FPGA 内部的乘法器数量有限，在实际工程项目中往往会遇到乘法器数量不能满足实际需要的问题。考虑到 FPGA 内部逻辑单元数量一般都很大，通常采用逻辑单元通过逻辑移位的方法实现乘法运算，本项目也是如此。如 $x(n) \times 3$ 可由 $x(n)$ 左移 1 位得到的数据和原数据 $x(n)$ 相加实现。Quartus Ⅱ下信号源与滤波器的实现程序如下。

1) 信号产生 IP 核参数设置(signal_data_ip.qip)

单口 ROM IP 核参数设置如图 5.3 所示，该 IP 核的输入包括 10 位地址和 1 个时钟，输出为 12 位的数据，数据的总长度为 1000。IP 核的参数设置参考 4.2 节，这里不再赘述。

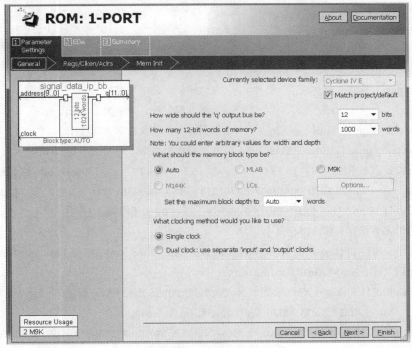

图 5.3　单口 ROM IP 核设置

2) 设置 20 kHz 收发时钟信号

clk_produce_20k.v 程序如下：

```verilog
//功能：将系统时钟 gclk 进行 2500 分频，输出频率为 20 kHz 的时钟信号
module clk_produce_20k (rst,gclk,clk);
    input    rst;              //复位信号，高电平有效
    input    gclk;            //板载时钟，50 MHz
    output   clk;            //2500 分频时钟
    wire rst,gclk;
    reg clk=1'b0;
    reg[10:0] count=11'b00000000000;
    always @(posedge gclk)
      begin
        count = count+11'd1;
        if (count == 11'd1250)
         begin
           clk = ~clk;
             count = 11'd0;
         end
      end
    endmodule
```

3）滤波器程序

fir_bart_lpf.v 程序如下：

```verilog
//功能：滤波器实现程序(输入与输出数据均为有符号二进制数据)
module fir_bart_lpf (rst,clk,Xin,Yout);
    input            rst;              //复位信号，高电平有效
    input            clk;              //数据读写时钟，频率为 20 kHz
    input  signed [11:0]    Xin;        //数据输入，输入频率为 20 kHz
    output signed [11:0]    Yout;      //滤波后输出数据，输出频率为 20 kHz
//滤波器系数:[0 -3 -3 1 9 16 13 0 -19 -33 -30 -6 30 57 56 19 -41 -91 -99 -46 52 147 178 104 -63 -256
//-361 -269 74 632 1270 1800 2047 1800 1270 632 74 -269 -361 -256 -63 104 178 147 52 -46 -99
//-91 -41 19 56 57 30 -6 -30 -33 -19 0 13 16 9 1 -3 -3 0](关于中间点对称)
//将输入数据存入移位寄存器中
reg signed[11:0] Xin1,Xin2,Xin3,Xin4,Xin5,Xin6,Xin7,Xin8,Xin9,Xin10,Xin11,Xin12,Xin13,Xin14,
Xin15,Xin16,Xin17,Xin18,Xin19,Xin20;
reg signed[11:0] Xin21,Xin22,Xin23,Xin24,Xin25,Xin26,Xin27,Xin28,Xin29, Xin30,Xin31,Xin32,
    Xin33,Xin34,Xin35,Xin36,Xin37,Xin38,Xin39,Xin40;
reg signed[11:0] Xin41,Xin42,Xin43,Xin44,Xin45,Xin46,Xin47,Xin48,Xin49, Xin50,Xin51,Xin52,
    Xin53,Xin54,Xin55,Xin56,Xin57,Xin58,Xin59,Xin60;
reg signed[11:0] Xin61,Xin62,Xin63,Xin64;
always @(posedge clk or posedge rst)
    if (rst)
```

```verilog
      begin                        //初始化寄存器值为 0
          Xin1 <= 12'd0;Xin2 <= 12'd0;Xin3 <= 12'd0;Xin4 <= 12'd0;Xin5 <= 12'd0;Xin6 <= 12'd0;
          Xin7 <= 12'd0;Xin8 <= 12'd0;Xin9 <= 12'd0;Xin10 <= 12'd0; Xin11 <= 12'd0;
          Xin12 <= 12'd0;Xin13 <= 12'd0;Xin14 <= 12'd0;Xin15 <= 12'd0;Xin16 <= 12'd0;
          Xin17 <= 12'd0;Xin18 <= 12'd0;Xin19 <= 12'd0;Xin20 <= 12'd0; Xin21 <= 12'd0;
          Xin22 <= 12'd0;Xin23 <= 12'd0;Xin24 <= 12'd0; Xin25 <= 12'd0;Xin26 <= 12'd0;
          Xin27 <= 12'd0;Xin28 <= 12'd0; Xin29 <= 12'd0;Xin30 <= 12'd0; Xin31 <= 12'd0;
          Xin32 <= 12'd0;Xin33 <= 12'd0;Xin34 <= 12'd0;Xin35 <= 12'd0;Xin36 <= 12'd0;
          Xin37 <= 12'd0;Xin38 <= 12'd0;Xin39 <= 12'd0;Xin40 <= 12'd0;Xin41 <= 12'd0;
          Xin42 <= 12'd0;Xin43 <= 12'd0;Xin44 <= 12'd0; Xin45 <= 12'd0;Xin46 <= 12'd0;
          Xin47 <= 12'd0;Xin48 <= 12'd0; Xin49 <= 12'd0;Xin50 <= 12'd0;Xin51 <= 12'd0;
          Xin52 <= 12'd0;Xin53 <= 12'd0;Xin54 <= 12'd0;Xin55 <= 12'd0;Xin56 <= 12'd0;
          Xin57 <= 12'd0;Xin58 <= 12'd0;Xin59 <= 12'd0;Xin60 <= 12'd0;Xin61 <= 12'd0;
          Xin62 <= 12'd0;Xin63 <= 12'd0;Xin64 <= 12'd0;
      end
   else
   begin
          Xin1 <= Xin;Xin2 <= Xin1;Xin3 <= Xin2;Xin4 <= Xin3;Xin5 <= Xin4; Xin6 <= Xin5;
          Xin7 <= Xin6;Xin8 <= Xin7;Xin9 <= Xin8;Xin10 <= Xin9;Xin11 <= Xin10;Xin12 <= Xin11;
          Xin13 <= Xin12;Xin14 <= Xin13; Xin15 <= Xin14;Xin16 <= Xin15;Xin17 <= Xin16;
          Xin18 <= Xin17; Xin19 <= Xin18;Xin20 <= Xin19;Xin21 <= Xin20;Xin22 <= Xin21;
          Xin23 <= Xin22;Xin24 <= Xin23;Xin25 <= Xin24;Xin26 <= Xin25; Xin27 <= Xin26;
          Xin28 <= Xin27;Xin29 <= Xin28;Xin30 <= Xin29; Xin31 <= Xin30;Xin32 <= Xin31;
          Xin33 <= Xin32;Xin34 <= Xin33; Xin35 <= Xin34;Xin36 <= Xin35;Xin37 <= Xin36;
          Xin38 <= Xin37; Xin39 <= Xin38;Xin40 <= Xin39;Xin41 <= Xin40;Xin42 <= Xin41;
          Xin43 <= Xin42;Xin44 <= Xin43;Xin45 <= Xin44;Xin46 <= Xin45; Xin47 <= Xin46;
          Xin48 <= Xin47;Xin49 <= Xin48;Xin50 <= Xin49; Xin51 <= Xin50;Xin52 <= Xin51;
          Xin53 <= Xin52;Xin54 <= Xin53; Xin55 <= Xin54;Xin56 <= Xin55;Xin57 <= Xin56;
          Xin58 <= Xin57; Xin59 <= Xin58;Xin60 <= Xin59;Xin61 <= Xin60;Xin62 <= Xin61;
          Xin63 <= Xin62;Xin64 <= Xin63;
   end
//采用逻辑移位实现乘法运算，并相加
//y(n)=-3Xin1-3Xin2+Xin3+9Xin4+16Xin5+13Xin6-19Xin8-33Xin9-30Xin10-6Xin11+30Xin12
//     +57Xin13+56Xin14+19Xin15-41Xin16-91Xin17-99Xin18-46Xin19+52Xin20+147Xin21
//     +178Xin22+104Xin23-63Xin24-256Xin25-361Xin26269Xin27+74Xin28+632Xin29+1270Xin30
//     +1800Xin31+2047Xin32+1800Xin33+1270Xin34+632Xin35+74Xin36-269Xin37-361Xin38
//     -256Xin39-63Xin40+104Xin41+178Xin42+147Xin43+52Xin44-46Xin45-99Xin46-91Xin47
//     -41Xin48+19Xin49+56Xin50+57Xin51+30Xin52-6Xin53-30Xin54-33Xin55-19Xin56+13Xin58
//     +16Xin59+9Xin60 +Xin61-3Xin62-3Xin63
wire signed [23:0] Mu1,Mu2,Mu3,Mu4,Mu5,Mu6,Mu8,Mu9,Mu10,Mu11,Mu12,Mu13,Mu14,Mu15,
```

Mu16,Mu17,Mu18,Mu19,Mu20,Mu21,Mu22,Mu23,Mu24,Mu25,Mu26,Mu27,Mu28,Mu29,Mu30,
Mu31,Mu32,Mu33,Mu34,Mu35,Mu36,Mu37,Mu38,Mu39,Mu40,Mu41,Mu42,Mu43,Mu44,Mu45,
Mu46,Mu47,Mu48,Mu49,Mu50,Mu51,Mu52,Mu53,Mu54,Mu55,Mu56,Mu58,   Mu59,Mu60,Mu61,
Mu62,Mu63;

```verilog
assign Mu1 = {{11{Xin1[11]}},Xin1,1'd0}+{{12{Xin1[11]}},Xin1};//3xin1
assign Mu2 = {{11{Xin2[11]}},Xin2,1'd0}+{{12{Xin2[11]}},Xin2};//3xin2
assign Mu3 = {{12{Xin3[11]}},Xin3};//位数扩展
assign Mu4 = {{9{Xin4[11]}},Xin4,3'd0}+{{12{Xin4[11]}},Xin4}; //9xin4
assign Mu5 = {{8{Xin5[11]}},Xin5,4'd0};//16xin5
assign Mu6 = {{9{Xin6[11]}},Xin6,3'd0}+{{10{Xin6[11]}},Xin6,2'd0}
             +{{12{Xin6[11]}},Xin6};//13xin6
assign Mu8 = {{8{Xin8[11]}},Xin8,4'd0}+{{11{Xin8[11]}},Xin8,1'd0}
             +{{12{Xin8[11]}},Xin8};
assign Mu9 ={{7{Xin9[11]}},Xin9,5'd0}+{{12{Xin9[11]}},Xin9};
assign Mu10={{7{Xin10[11]}},Xin10,5'd0}-{{11{Xin10[11]}},Xin10,1'd0};
assign Mu11={{10{Xin11[11]}},Xin11,2'd0}+{{11{Xin11[11]}},Xin11,1'd0};
assign Mu12={{7{Xin12[11]}},Xin12,5'd0}-{{11{Xin12[11]}},Xin12,1'd0};
assign Mu13 ={{6{Xin13[11]}},Xin13,6'd0}-{{9{Xin13[11]}},Xin13,3'd0}
             +{{12{Xin13[11]}},Xin13};
assign Mu14 ={{6{Xin14[11]}},Xin14,6'd0}-{{9{Xin14[11]}},Xin14,3'd0};
assign Mu15 ={{8{Xin15[11]}},Xin15,4'd0}+{{11{Xin15[11]}},Xin15,1'd0}
             +{{12{Xin15[11]}},Xin15};
assign Mu16 ={{7{Xin16[11]}},Xin16,5'd0}+{{9{Xin16[11]}},Xin16,3'd0}
             +{{11{Xin16[11]}},Xin16,1'd0};
assign Mu17 ={{6{Xin17[11]}},Xin17,6'd0}+{{7{Xin17[11]}},Xin17,5'd0}
             -{{10{Xin17[11]}},Xin17,2'd0}-{{12{Xin17[11]}},Xin17};
assign Mu18 ={{6{Xin18[11]}},Xin18,6'd0}+{{7{Xin18[11]}},Xin18,5'd0}
             +{{11{Xin18[11]}},Xin18,1'd0}+{{12{Xin18[11]}},Xin18};
assign Mu19 ={{7{Xin19[11]}},Xin19,5'd0}+{{8{Xin19[11]}},Xin19,4'd0}
             -{{11{Xin19[11]}},Xin19,1'd0};
assign Mu20 ={{7{Xin20[11]}},Xin20,5'd0}+{{8{Xin20[11]}},Xin20,4'd0}
             +{{10{Xin20[11]}},Xin20,2'd0};
assign Mu21 ={{5{Xin21[11]}},Xin21,7'd0}+{{8{Xin21[11]}},Xin21,4'd0}
             +{{11{Xin21[11]}},Xin21,1'd0}+{{12{Xin21[11]}},Xin21};
assign Mu22 ={{5{Xin22[11]}},Xin22,7'd0}+{{7{Xin22[11]}},Xin22,5'd0}
             +{{8{Xin22[11]}},Xin22,4'd0}+{{11{Xin22[11]}},Xin22,1'd0};
assign Mu23 ={{5{Xin23[11]}},Xin23,7'd0}-{{8{Xin23[11]}},Xin23,4'd0}
             -{{9{Xin23[11]}},Xin23,3'd0};
assign Mu24 ={{6{Xin24[11]}},Xin24,6'd0}-{{12{Xin24[11]}},Xin24};
assign Mu25 ={{4{Xin25[11]}},Xin25,8'd0};
```

assign Mu26 ={{4{Xin26[11]}},Xin26,8'd0}+{{5{Xin26[11]}},Xin26,7'd0}

　　　　　　-{{8{Xin26[11]}},Xin26,4'd0}-{{9{Xin26[11]}},Xin26,3'd0}

　　　　　　+{{12{Xin26[11]}},Xin26};

assign Mu27 ={{4{Xin27[11]}},Xin27,8'd0}+{{9{Xin27[11]}},Xin27,3'd0}

　　　　　　+{{10{Xin27[11]}},Xin27,2'd0}+{{12{Xin27[11]}},Xin27};

assign Mu28 ={{6{Xin28[11]}},Xin28,6'd0}+{{9{Xin28[11]}},Xin28,3'd0}

　　　　　　+{{11{Xin28[11]}},Xin28,1'd0};

assign Mu29 ={{3{Xin29[11]}},Xin29,9'd0}+{{5{Xin29[11]}},Xin29,7'd0}

　　　　　　-{{9{Xin29[11]}},Xin29,3'd0};

assign Mu30 ={{2{Xin30[11]}},Xin30,10'd0}+{{4{Xin30[11]}},Xin30,8'd0}

　　　　　　-{{9{Xin30[11]}},Xin30,3'd0}-{{11{Xin30[11]}},Xin30,1'd0};

assign Mu31 ={{1{Xin31[11]}},Xin31,11'd0}-{{4{Xin31[11]}},Xin31,8'd0}

　　　　　　+{{9{Xin31[11]}},Xin31,3'd0};

assign Mu32 ={Xin32,12'd0}-{{12{Xin32[11]}},Xin32};

assign Mu33 ={{1{Xin33[11]}},Xin33,11'd0}-{{4{Xin33[11]}},Xin33,8'd0}

　　　　　　+{{9{Xin33[11]}},Xin33,3'd0};

assign Mu34 ={{2{Xin34[11]}},Xin34,10'd0}+{{4{Xin34[11]}},Xin34,8'd0}

　　　　　　-{{9{Xin34[11]}},Xin34,3'd0}-{{11{Xin34[11]}},Xin34,1'd0};

assign Mu35 ={{3{Xin35[11]}},Xin35,9'd0}+{{5{Xin35[11]}},Xin35,7'd0}

　　　　　　-{{9{Xin35[11]}},Xin35,3'd0};

assign Mu36 ={{6{Xin36[11]}},Xin36,6'd0}+{{9{Xin36[11]}},Xin36,3'd0}

　　　　　　+{{11{Xin36[11]}},Xin36,1'd0};

assign Mu37 ={{4{Xin37[11]}},Xin37,8'd0}+{{9{Xin37[11]}},Xin37,3'd0}

　　　　　　+{{10{Xin37[11]}},Xin37,2'd0}+{{12{Xin37[11]}},Xin37};

assign Mu38 ={{4{Xin38[11]}},Xin38,8'd0}+{{5{Xin38[11]}},Xin38,7'd0}

　　　　　　-{{8{Xin38[11]}},Xin38,4'd0}-{{9{Xin38[11]}},Xin38,3'd0}

　　　　　　+{{12{Xin38[11]}},Xin38};

assign Mu39 ={{4{Xin39[11]}},Xin39,8'd0};

assign Mu40 ={{6{Xin40[11]}},Xin40,6'd0}-{{12{Xin40[11]}},Xin40};

assign Mu41 ={{5{Xin41[11]}},Xin41,7'd0}-{{8{Xin41[11]}},Xin41,4'd0}

　　　　　　-{{9{Xin41[11]}},Xin41,3'd0};

assign Mu42 ={{5{Xin42[11]}},Xin42,7'd0}+{{7{Xin42[11]}},Xin42,5'd0}

　　　　　　+{{8{Xin42[11]}},Xin42,4'd0}+{{11{Xin42[11]}},Xin42,1'd0};

assign Mu43 ={{5{Xin43[11]}},Xin43,7'd0}+{{8{Xin43[11]}},Xin43,4'd0}

　　　　　　+{{11{Xin43[11]}},Xin43,1'd0}+{{12{Xin43[11]}},Xin43};

assign Mu44 ={{7{Xin44[11]}},Xin44,5'd0}+{{8{Xin44[11]}},Xin44,4'd0}

　　　　　　+{{10{Xin44[11]}},Xin44,2'd0};

assign Mu45 ={{7{Xin45[11]}},Xin45,5'd0}+{{8{Xin45[11]}},Xin45,4'd0}

　　　　　　-{{11{Xin45[11]}},Xin45,1'd0};

assign Mu46 ={{6{Xin46[11]}},Xin46,6'd0}+{{7{Xin46[11]}},Xin46,5'd0}

```
                    +{{11{Xin46[11]}},Xin46,1'd0}+{{12{Xin46[11]}},Xin46};
assign Mu47 ={{6{Xin47[11]}},Xin47,6'd0}+{{7{Xin47[11]}},Xin47,5'd0}
                    -{{10{Xin47[11]}},Xin47,2'd0}-{{12{Xin47[11]}},Xin47};
assign Mu48 ={{7{Xin48[11]}},Xin48,5'd0}+{{9{Xin48[11]}},Xin48,3'd0}
                    +{{11{Xin48[11]}},Xin48,1'd0};
assign Mu49 ={{8{Xin49[11]}},Xin49,4'd0}+{{11{Xin49[11]}},Xin49,1'd0}
                    +{{12{Xin49[11]}},Xin49};
assign Mu50 ={{6{Xin50[11]}},Xin50,6'd0}-{{9{Xin50[11]}},Xin50,3'd0};
assign Mu51 ={{6{Xin51[11]}},Xin51,6'd0}-{{9{Xin51[11]}},Xin51,3'd0}
                    +{{12{Xin51[11]}},Xin51};
assign Mu52 ={{7{Xin52[11]}},Xin52,5'd0}-{{11{Xin52[11]}},Xin52,1'd0};
assign Mu53={{10{Xin53[11]}},Xin53,2'd0}+{{11{Xin53[11]}},Xin53,1'd0};
assign Mu54 ={{7{Xin54[11]}},Xin54,5'd0}-{{11{Xin54[11]}},Xin54,1'd0};
assign Mu55 ={{7{Xin55[11]}},Xin55,5'd0}+{{12{Xin55[11]}},Xin55};
assign Mu56 ={{8{Xin56[11]}},Xin56,4'd0}+{{11{Xin56[11]}},Xin56,1'd0}
                    +{{12{Xin56[11]}},Xin56};
assign Mu58 ={{9{Xin58[11]}},Xin58,3'd0}+{{10{Xin58[11]}},Xin58,2'd0}
                    +{{12{Xin58[11]}},Xin58};
assign Mu59 ={{8{Xin59[11]}},Xin59,4'd0};
assign Mu60 ={{9{Xin60[11]}},Xin60,3'd0}+{{12{Xin60[11]}},Xin60};
assign Mu61 ={{12{Xin61[11]}},Xin61};
assign Mu62 ={{11{Xin62[11]}},Xin62,1'd0}+{{12{Xin62[11]}},Xin62};
assign Mu63 ={{11{Xin63[11]}},Xin63,1'd0}+{{12{Xin63[11]}},Xin63};
//加法运算
wire signed [25:0] Xout;
assign Xout = - Mu1- Mu2 + Mu3 + Mu4 + Mu5 + Mu6 - Mu8 - Mu9 - Mu10
                - Mu11 + Mu12+ Mu13 + Mu14 + Mu15 - Mu16 - Mu17 - Mu18
                - Mu19 + Mu20 + Mu21 + Mu22 + Mu23- Mu24 - Mu25 - Mu26
                - Mu27 + Mu28 + Mu29 + Mu30 + Mu31 + Mu32 + Mu33 + Mu34
                + Mu35 + Mu36 - Mu37 - Mu38 - Mu39 - Mu40 + Mu41 + Mu42
                + Mu43 + Mu44 - Mu45- Mu46 - Mu47 - Mu48 + Mu49 + Mu50
                + Mu51 + Mu52 - Mu53 - Mu54 - Mu55 - Mu56 + Mu58 + Mu59
                + Mu60 + Mu61 - Mu62 - Mu63;
//截取 Xout(n)的高 12 位作为滤波的输出
wire signed[11:0] Yin;
assign Yin=(rst ? 12'd0 : Xout[25:14]);        //给反馈移位寄存器的数据
reg signed [11:0] Yout_reg;
always @(posedge clk)
    Yout_reg<=Yin;
```

```
        assign Yout=Yout_reg;        //Yout 为 12 位有符号二进制数，由于 Yout_reg 为 reg 类型，
                                       故 Yout 一直保持

    endmodule
```

4) 滤波程序

bartlett_firlpf_processing.v 程序如下：

```
    //功能：滤波程序
    module bartlett_firlpf_processing(rst,gclk1,signal_noise,clk1,da1_data);
        input    rst;                              //复位信号，高电平有效
        input    gclk1;                            //板载时钟，接收处理信号的驱动时钟，50 MHz
        input    unsigned [11:0] signal_noise;     //待处理信号，12 位无符号数
        output   clk1;                             //20 kHz 的接收时钟，作为读取待处理信号的时钟
        output   unsigned[7:0] da1_data;           //送给 DA1 的 8 位无符号数
        reg signed [11:0]    xi;
        wire signed [11:0]    Yout;
        always @( posedge clk1)
        //将输入的 12 位无符号数变为 12 位有符号数(补码)
        if (rst)
            xi <= 12'd0;
        else
            xi <= signal_noise - 12'd2048;
        //滤波结果 Yout 截取高 8 位，转换成无符号整数，送 DA1
        assign da1_data=(Yout[11])?(Yout[11:4]+8'd128):(Yout[11:4]-8'd128);
        //产生接收时钟 clk1
        clk_produce_20k u5 (.rst(rst),.gclk(gclk1),.clk(clk1));
        //对有符号数(补码)xi 进行滤波处理，输出有符号数 Yout(补码)
        fir_bart_lpf u9 (.rst(rst),.clk(clk1),.Xin(xi),.Yout(Yout));
    endmodule
```

5) 数据产生与处理程序

bartlett_LPF.v 顶层文件程序如下：

```
    //功能：产生混合信号、信号滤波处理、处理前后信号经 D/A 后输出
    module bartlett_lpf(rst,gclk2,gclk1,clk2,clk1,da2_data,da1_data);
        input    rst;
        input    gclk2;                            //板载时钟为 50 MHz
        input    gclk1;                            //板载时钟为 50 MHz
        output   clk2;                             //2500 分频，20 kHz 发端时钟
        output   clk1;                             //2500 分频，20 kHz 收端时钟
        output   [7:0] da2_data;                   //送给 DA2 的 8 位无符号整数
        output   [7:0] da1_data;                   //送给 DA1 的 8 位无符号整数
```

```
wire unsigned[11:0] signal;
reg[9:0] address = 10'b0000000000;
    always @(posedge clk2)                       //循环产生 ROM 存储单元的地址
    begin
        address=address+10'b0000000001;
        if (address==10'b1111101000)             //1000
            begin
                address=10'b0000000000;
            end
    end
//产生 20 kHz 发射时钟
clk_produce_20k    u1(.rst(rst),.gclk(gclk2),.clk(clk2));
//信号源
signal_data_ip u2 ( .address(address), .clock(clk2), .q(signal));
//信号源信号滤波
bartlett_firlpf_processing    u7 (.rst(rst),.gclk1(gclk1), .signal_noise(signal),.clk1(clk1),
                                        .da1_data(da1_data));
//截取滤波结果的高 8 位，作为 DA2 的输入进行 D/A 转换，输出模拟信号
assign da2_data = signal[11:4];
endmodule
```

3. MATLAB 仿真与板载测试

MATLAB 下仿真结果如图 5.4～图 5.9 所示。

图 5.4 为未经量化的原始信号时域波形，含有 800 Hz 的有用信号、4 kHz 的干扰信号以及噪声。

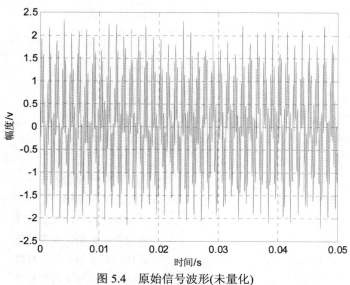

图 5.4　原始信号波形(未量化)

图 5.5 为采用三角窗设计的、未经量化的 FIR 低通滤波器的幅频特性曲线,性能指标满足要求,即 900 Hz 处衰减不大于 1 dB,3900 Hz 处衰减不小于 20 dB。

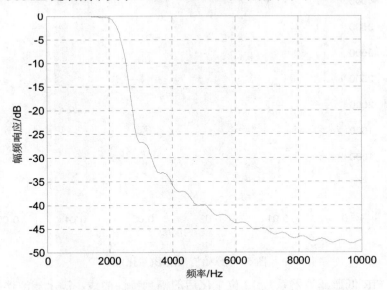

图 5.5 设计滤波器的幅频特性曲线(未量化)

图 5.6 为采用设计的未量化的滤波器对未量化的原始信号滤波后的输出信号。由图可见,4 kHz 的干扰信号与噪声被抑制,800 Hz 的信号(有用信号)清晰可见,达到了预期滤波效果,说明设计的滤波器是有效的。滤波后的信号幅度存在波动,主要是由残余的干扰、噪声以及滤波本身所导致,说明滤波器在抑制干扰与噪声的同时,对有用信号也会产生一定的影响。

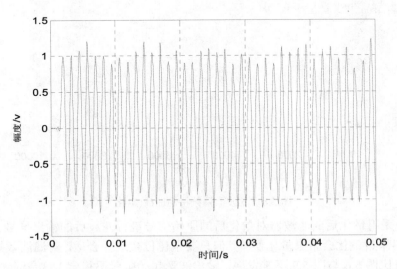

图 5.6 滤波后信号波形(未量化)

图 5.7 为 12 位量化后的原始信号时域波形,与图 5.4 相差很小。

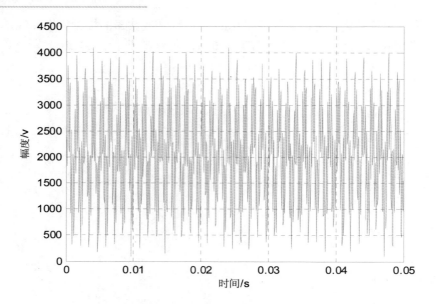

图 5.7　原始信号波形(量化)

图 5.8 为 FIR 低通滤波器系数 12 位量化后的幅频特性曲线，满足滤波器指标要求。

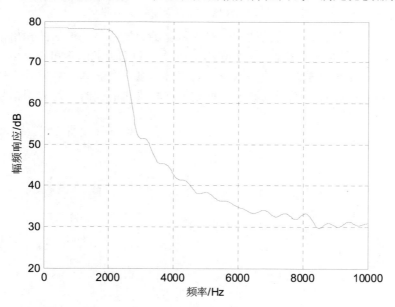

图 5.8　滤波器幅频特性曲线(量化)

　　图 5.9 为采用量化后的滤波器对量化后的原始信号进行滤波后的输出信号。由图可见，尽管对滤波器系数量化会带来量化误差，但只要量化位数选择合适，对滤波效果影响很小。

　　另外，对比图 5.6 与图 5.9 不难发现，输出波形起始阶段不稳定，这是滤波器的暂态响应导致的，属于正常现象，暂态响应时间长短与 FIR 滤波器的阶数有关。

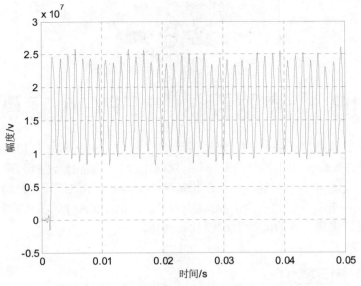

图 5.9　滤波后信号波形(量化)

　　将在 MATLAB 下设计、量化的滤波器,采用 Verilog HDL 编写程序,在 FPGA 中实现。板载测试框图与测试结果分别如图 5.10 和图 5.11 所示,示波器显示的为滤波前、后信号波形。从图 5.11 可以看出,滤波前信号中有一个比有用信号频率高的干扰,而滤波后该干扰基本被滤除了,恢复出频率为 800 Hz 的正弦信号(有用信号),说明了设计的滤波器是有效的。

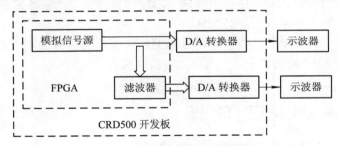

图 5.10　滤波器板载测试框图

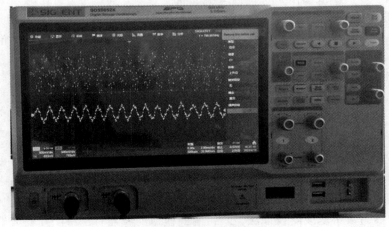

图 5.11　滤波前、后信号波形

第 6 章

IIR 滤波器设计与 FPGA 实现

第 5 章讨论了基于窗函数的 FIR 滤波器设计与 FPGA 实现。由于 FIR 滤波器与 IIR 滤波器各有特点，在实际使用中均有广泛应用。本章以 MLS 测角滤波器为例，讨论 IIR 滤波器设计与 FPGA 实现。尽管本章仅讨论巴特沃斯(Butterworth)型低通滤波器的设计与实现，但其方法与步骤对于基于切比雪夫(Chebyshev)型、椭圆(Ellipse)型以及贝塞尔(Bessel)型的数字高通、低通、带通、带阻滤波器的设计均适用。

6.1 项目要求

项目名称：MLS 测角滤波器设计与 FPGA 实现。

项目要求：设计一个二阶巴特沃斯数字低通滤波器，并采用 FPGA 实现该滤波器；利用设计的滤波器对测角信号滤波，检验滤波效果。

指标要求：二阶巴特沃斯数字低通滤波器对应的模拟低通滤波器的通带-3 dB 频率为 26 kHz，测角信号的采样频率为 6.25 MHz。

通过该项目，掌握 IIR 滤波器的设计与 FPGA 实现方法，具备采用 FPGA 设计 IIR 滤波器的能力；学会无 IP 核资源条件下 IIR 滤波器的实现方法。

6.2 IIR 滤波器工作原理

由第 5 章可知，滤波器按实现结构或单位取样响应分类，可分为 FIR 滤波器与 IIR 滤波器。IIR 滤波器尽管相位特性一般是非线性，且量化误差可能导致性能不稳定，但在指标参数相同的条件下，IIR 滤波器的阶数远小于 FIR 滤波器，所用存储单元与乘加运算次数少，在工程上同样得到了广泛的应用。

IIR 滤波器的输入、输出关系为

$$y(n) = \sum_{i=0}^{M} b_i x(n-i) - \sum_{j=1}^{N} a_j y(n-j) \quad a_j 不全为零 \tag{6-1}$$

IIR 滤波器的设计就是依据滤波器的性能指标，设计滤波器系数 a_j、b_i，然后利用式(6-1)计算 $y(n)$。

IIR 滤波器的设计主要有模拟滤波器转换为数字滤波器设计法和计算机优化设计法。在模拟滤波器转换为数字滤波器设计法中，常用的模拟滤波器有巴特沃斯滤波器、切比雪夫滤波器、椭圆滤波器和贝塞尔滤波器。按项目要求，本项目采用的是巴特沃斯型模拟滤波器转换为数字滤波器的设计方法。

巴特沃斯低通滤波器的幅度平方函数为

$$\left|H(\mathrm{j}\varOmega)\right|^2 = \frac{1}{1+\left(\mathrm{j}\varOmega/\varOmega_\mathrm{c}\right)^{2N}} \tag{6-2}$$

式中，$\varOmega_\mathrm{c}$ 为 3 dB 截止频率，单位为 rad/s。当 $\varOmega = \varOmega_\mathrm{c}$ 时，滤波器的功率下降一半，N 为滤波器的阶数，取正整数，N 值越大，所得到的滤波器特性越接近理想滤波器。

巴特沃斯滤波器具有以下特点：

(1) 通带内具有最大平坦幅度特性，幅度在正频率范围内随频率升高而单调下降。

(2) 阶次越高，特性越接近矩形。

(3) 没有零点。

1．双线性变换法的特点

采用模拟滤波器转换为数字滤波器设计法时，将模拟滤波器转换为数字滤波器有两种方法，即冲激响应不变法和双线性变换法。其中双线性变换法有以下特点：

(1) 模拟滤波器经双线性变换后，不存在频率响应特性的混叠失真现象，在窄带内能够近似保持原模拟器的幅频特性，即使频带拖尾，也不会产生混叠。

(2) 计算方法简单，因为 s 平面与 z 平面之间有简单的代数关系，可以从模拟滤波器的传输函数直接通过代数置换得到数字滤波器的系统函数。

(3) 由于数字角频率 ω 与模拟角频率 $\varOmega$ 是非线性关系，所以存在相频特性失真。

2．用双线性变换设计滤波器

正是由于双线性变换法具有直接、简单、公式化的特点，因此得到了普遍应用。本项目也采用双线性变换法将模拟滤波器转换为数字滤波器。双线性变换法设计 IIR 滤波器的步骤如下：

(1) 将待设计的数字滤波器的通带截止频率、通带边界频率、阻带截止频率、阻带边界频率进行预畸变处理，转换成同类型的模拟滤波器 $H_\mathrm{a}(s)$ 的边界频率。这是由于数字角频率 ω 与模拟角频率 $\varOmega$ 是非线性关系，会引起频率失真(畸变)，必须采取"预畸变"措施补偿非线性畸变。预畸变处理表达式为

$$\varOmega = \frac{2}{T}\tan\left(\frac{\omega}{2}\right) \tag{6-3}$$

式中，T 为 A/D 采样间隔。对于本项目，$T = 1/6.25$ μs。

(2) 将模拟滤波器 $H_\mathrm{a}(s)$ 的性能指标变换成归一化模拟低通滤波器 $H_\mathrm{LP}(s)$ 的性能指标，并设计滤波器 $H_\mathrm{LP}(s)$。

(3) 将归一化模拟低通滤波器系统函数 $H_\mathrm{LP}(s)$ 变换为与要设计的数字滤波器同类型的模拟滤波器 $H_\mathrm{a}(s)$。

(4) 用双线性变换式将 $H_\mathrm{a}(s)$ 变换为 $H(z)$，即将 $H_\mathrm{a}(s)$ 中的 s 用式(6-4)表示，得到 $H(z)$。

$$s = \frac{2}{T}\frac{1-z^{-1}}{1+z^{-1}} \tag{6-4}$$

随着 EDA 技术的飞速发展，原来非常复杂的计算可直接采用专用 EDA 软件实现，大大简化了手工计算。对于本项目来说，二阶巴特沃斯数字低通滤波器的设计采用 MATLAB 相应函数实现。

6.3　MLS 测角滤波器实现方案

微波着陆系统(MLS)作为国际民航组织(ICAO)的一种标准导航系统，主要在飞机进场着陆阶段为着陆飞机实时提供偏离跑道中心线和下滑线的角度信息。由于地面台发射的信号经无线传播被机载接收机接收时会引入噪声，从而导致测量的角度产生误差，必须采取相应措施，减小噪声对测角的影响。ICAO 附件 10 规定，在对时间间隔测量(角度通过时间间隔测量得到)之前，先对接收的脉冲信号采用 3 dB 带宽为 26 kHz 的二阶巴特沃斯型模拟低通滤波器进行滤波处理，然后测量时间间隔。本项目采用数字滤波技术对测角信号进行滤波处理，其系统组成框图如图 6.1 所示。

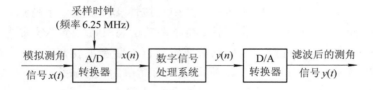

图 6.1　MLS 测角信号数字滤波处理系统组成框图

模拟测角信号经采样频率为 6.25 MHz 的 A/D 转换器转换为数字信号，送到数字信号处理系统。数字信号处理系统由硬件与软件组成，硬件采用 CRD500 FPGA 开发板，软件为下载到 FPGA 中的二阶巴特沃斯数字低通滤波程序。滤波处理后的信号再经 D/A 转换器转换为模拟信号输出，进行角度测量，或在 FPGA 内部直接完成角度测量。本项目仅聚焦数字滤波器的设计与 FPGA 实现，不涉及角度的测量与计算。

二阶巴特沃斯数字低通滤波器的设计与 FPGA 实现步骤与 5.3 节 MATLAB 辅助数字滤波器设计与实现步骤相似，具体如下：

(1) 在 MATLAB 下设计满足指标要求的数字滤波器，并通过幅频特性曲线验证其是否满足要求。

(2) 在 MATLAB 下对滤波器系数进行量化。

(3) 利用 MATLAB 设计的量化后的滤波器系数，在 Quartus Ⅱ下采用 Verilog HDL 语言编写滤波器与滤波处理程序，并将其下载到 CRD500 FPGA 开发板来实现。由于 Quartus Ⅱ中没有 IIR 滤波器 IP 核，IIR 滤波器只能由用户编写。

(4) 利用 4.2 节设计的信号源对设计的滤波器进行板载测试。

需要说明的是，MATLAB 辅助数字滤波器设计与实现的步骤在 5.3 节已经给出，而且该步骤对本项目也是适用的。但考虑到信号源在 4.2 节已经实现，所以，上述步骤是在 5.3 节的基础上进行了简化，删减了与信号源设计有关的步骤。

6.4　MLS 测角滤波器设计与 FPGA 实现

1. MATLAB 下滤波器的设计

MATLAB 下滤波器的设计程序如下：

```
%(1)设计二阶巴特沃斯数字低通滤波器
clc %  清命令窗口
clear all                          %清变量
close all                          %关闭所有打开的图形窗
fs=6.25*10^6;                      %设置采样率
M=18;                              %滤波器量化位数
%模拟低通滤波器设计
omega=2*fs*tan(pi*26*0.16*10^(-3));   %预畸变处理
[b,a]=butter(2,omega,'s');            %设计二阶巴特沃斯模拟低通滤波器
%绘制模拟滤波器的幅频特性曲线
[h,w]=freqs(b,a);
plot(w/(2*pi), 20*log10(abs(h)))
grid on
xlabel('频率/Hz');
ylabel('幅频响应/dB')
%采用双线性变换，将模拟滤波器转换为数字滤波器
[bz,az]=bilinear(b,a,fs);
%绘制数字滤波器的幅频特性曲线
figure;
[h1,w1]=freqz(bz,az);
plot((w1*fs)/(2*pi),20*log10(abs(h1)))
grid on
xlabel('频率/Hz');
ylabel('幅频响应/dB')
%(2)对数字滤波器系数进行量化处理，量化位数为 18 位
p1=max(max(abs(bz)),max(abs(az)));
qm=floor(log2(p1/az(1)));
if qm<log2(p1/az(1))
    qm=qm+1;
end
qm=2^qm;
qb=round(bz/qm*(2^(M-1)-1));          %量化位数为 M
```

```
qa=round(az/qm*(2^(M-1)-1));
%绘制量化后数字滤波器的幅频特性曲线
figure;
[h1,w1]=freqz(qb,qa);
plot((w1*fs)/(2*pi),20*log10(abs(h1)))
grid on
xlabel('频率/Hz');
ylabel('幅频响应/dB')
```

通过上面程序设计的二阶巴特沃斯数字低通滤波器量化前、后的系数如表 6.1 所示。

表 6.1　数字滤波器量化前、后系数

	名　称	取　值
量化前	bz(1)	0.000 167
	bz(2)	0.000 334
	bz(3)	0.000 167
	az(1)	1.000 000
	az(2)	−1.963 039
	az(3)	0.963 710
量化后	qb(1)	11
	qb(2)	22
	qb(3)	11
	qa(1)	65 536
	qa(2)	−128 649
	qa(3)	63 157

由表 6.1 可知，滤波器量化位数为 18 位时，量化前滤波器系数的相对关系与量化后滤波器系数的相对关系保持不变且量化误差很小，如 bz(1)/bz(2)=0.5，qb(1)/qb(2)=0.5。说明选择 18 位对系数进行量化是合适的。另外，不管滤波器的阶数为多少，az(1)的值始终为 1，量化后的 qa(1)值为 2 的整数次幂，而 qa(1)为 $y(n)$ 的系数，这样，可先计算 qa(1) × $y(n)$ 的值，然后将结果右移 k 位（k 等于 qa(1)的幂次），即可得到 $y(n)$ 的值。

设计的滤波器系数量化前对应的滤波方程为

$$y(n) = 0.000167(x(n) + 2x(n-1) + x(n-2)) + 1.963039y(n-1) - 0.963710y(n-2) \quad (6-5)$$

系数量化后对应的滤波方程为

$$65536y(n) = 11(x(n) + 2x(n-1) + x(n-2)) + 128649y(n-1) - 63157y(n-2) \quad (6-6)$$

2. Quartus Ⅱ下滤波器的实现

上面在 MATLAB 下完成了二阶巴特沃斯 IIR 低通滤波器的设计，得到了量化后的、便于在 FPGA 实现的滤波系数以及滤波方程。下面的主要任务是采用 Verilog HDL 编写程序，将式(6-6)表示的滤波方程变为下载文件，在 FPGA 中实现对测角信号的实时滤波。为方便板载测试，4.2 节的信号源程序也一并给出。

程序中 clk_produce.v 用于产生 6.25 MHz 的发射时钟 clk2 与接收时钟 clk1。在 clk2 的作用下，不断产生读单口 ROM 信号源数据的地址，地址与时钟共同作用，从单口 ROM IP 核 signal_produce_ip.qip 循环读取数据，送到 DA2 进行 D/A 转换，输出信号源的时域波形。从单口 ROM IP 核 signal_produce_ip.qip 输出的数据同时也送到信号处理模块，信号处理模块在 clk1 的作用下，读取来自单口 ROM 的信号源数据(12 位无符号二进制数据)，并进行格式转换，将原来的无符号二进制数转换为 12 位有符号二进制数，然后送到 singal_produce.v 进行滤波，最后将滤波输出的有符号二进制数转换为 8 位无符号二进制数，送到 DA1 进行 D/A 转换，输出滤波后的测角信号时域波形。通过观察两路信号的波形，检验设计滤波器的滤波效果。Quartus Ⅱ下信号源与滤波器的实现程序如下。

1) 信号产生 IP 核参数设置(signal_produce_ip.qip)

单口 ROM IP 核设置如图 6.2 所示，该 IP 核的输入包括 14 位地址和 1 个时钟，输出为 12 位的数据，数据的总长度为 14 503。IP 核的参数设置参考 4.2 节，需要使用的信号数据文件 signal_rom.mif 见附录 1。

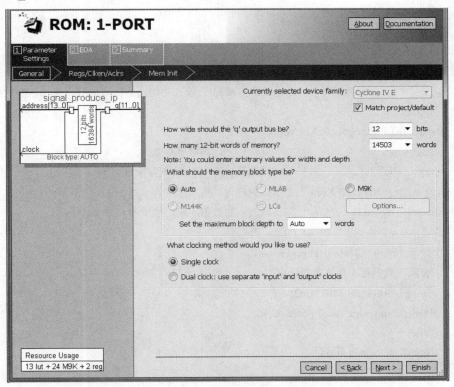

图 6.2 单口 ROM IP 核

2) 6.25 MHz 时钟产生程序

clk_produce.v 程序如下：

```
//功能：将系统时钟 gclk 进行 8 分频，产生 6.25 MHZ 时钟
module clk_produce (rst,gclk,clk);
    input    rst;                //复位信号，高电平有效
```

```verilog
    input   gclk;              //板载时钟，50 MHz
    output  clk;               //8 分频时钟
    wire rst,gclk;
    reg clk=1'b0;
    reg[2:0] count=3'b000;
    always @(posedge gclk)
      begin
        count = count+3'd1;
        if (count == 3'd4)
          begin
          clk = ~clk;
            count = 3'd0;
          end
      end
  end
endmodule
```

3) 滤波器实现程序

IIRLPfilter.v 程序如下：

```verilog
//功能：二阶巴特沃斯数字低通滤波器实现程序(输入与输出数据均为有符号二进制数据，即二
进制补码表示)
module IIRLPfilter (rst,clk,Xin,Yout);
    input   rst;                //复位信号，高电平有效
    input   clk;                //数据读/写时钟，频率为 6.25 MHz
    input  signed [11:0] Xin;   //数据输入，输入频率为 6.25 MHz
    output  signed [11:0] Yout; //滤波后的数据，输出频率为 6.25 MHz


    //计算 11x(n) + 22x(n − 1) + 11x(n − 2)
    //将输入数据存入移位寄存器中
    reg unsigned[11:0] Xin1,Xin2;
    always @(posedge clk or posedge rst)
    if (rst)
    //初始化寄存器值为 0
        begin
            Xin1 <= 12'd0;
            Xin2 <= 12'd0;
        end
    else
      begin
        Xin1 <= Xin;
        Xin2 <= Xin1;
```

```
      end
   //采用移位运算及加法运算实现乘法运算
wire signed [29:0] XMult0,XMult1,XMult2;
assign XMult0 ={{15{Xin[11]}},Xin,3'd0}+{{17{Xin[11]}},Xin,1'd0}+{{18{Xin[11]}},Xin}; //*11
assign XMult1={{14{Xin1[11]}},Xin1,4'd0}+{{16{Xin1[11]}},Xin1,2'd0}+{{17{Xin1[11]}},
            Xin1,1'd0};                                        //*22
assign XMult2={{15{Xin2[11]}},Xin2,3'd0}+{{17{Xin2[11]}},Xin2,1'd0}+{{18{Xin2[11]}},
            Xin2};                                              //*11
//对滤波器系数与输入数据乘法结果进行累加
wire signed [29:0] Xout;
assign Xout = XMult0 + XMult1 + XMult2;


//计算 Xout+128649y(n − 1) − 63157y(n − 2)，得到 65536y(n)
//将输出结果存入反馈移位寄存器
wire signed[11:0] Yin;
reg signed[11:0] Yin1,Yin2;
always @(posedge clk or posedge rst)
if (rst)
   //初始化寄存器值为 0
   begin
      Yin1 <= 12'd0;
      Yin2 <= 12'd0;
   end
 else
   begin
      Yin1 <= Yin;
      Yin2 <= Yin1;
   end
//采用移位运算及加法运算实现乘法运算
wire signed [29:0] YMult1,YMult2;
wire signed [29:0] Ysum,Ydiv;
assign YMult1={{1{Yin1[11]}},Yin1,17'd0}-{{7{Yin1[11]}},Yin1,11'd0}
             -{{10{Yin1[11]}},Yin1,8'd0}-{{11{Yin1[11]}},Yin1,7'd0}
             +{{15{Yin1[11]}},Yin1,3'd0}+{{18{Yin1[11]}},Yin1};      //*128649
assign YMult2={{2{Yin2[11]}},Yin2,16'd0}-{{7{Yin2[11]}},Yin2,11'd0}
             -{{10{Yin2[11]}},Yin2,8'd0}-{{12{Yin2[11]}},Yin2,6'd0}
             -{{15{Yin2[11]}},Yin2,3'd0}-{{17{Yin2[11]}},Yin2,1'd0}
             -{{18{Yin2[11]}},Yin2};                                  //*63157
   assign Ysum = Xout+YMult1-YMult2;
```

```
//计算 y(n)=Ysum/65536
assign Ydiv = {{16{Ysum[23]}},Ysum[29:16]};//65536=2^16


//将 y(n)用 12 位表示
assign Yin = (rst ? 12'd0 : Ydiv[11:0])          //给反馈移位寄存器的数据
reg signed [11:0] Yout_reg;
always @(posedge clk)
    Yout_reg <= Yin;
assign Yout = Yout_reg;                          //Yout 为 12 位有符号二进制数
                                                 //Yout_reg 为 reg 类型，故 Yout 一直保持

endmodule
```

说明： 由于输入数据为 12 位宽，滤波器系数为 18 位宽，故乘法运算结果为 $12 + 18 = 30$ 位宽；由于 IIR 滤波器增益小于 1，所以滤波结果 $y(n)$ 的位数不会超过输入数据 $x(n)$ 的位数，故 $y(n)$ 的位数用 $x(n)$ 的位数 12 位即可。

4) 信号滤波处理程序

signal_processing.v 程序如下：

```
//功能：将采样的无符号数据转换成有符号数据(二进制补码)，并滤波处理，将处理结果(有符号
数据转换成无符号数据)输出到 DA1
module signal_processing(rst,gclk1,signal_noise,clk1,da1_data);
    input    rst;                        //复位信号，高电平有效
    input    gclk1;                      //板载时钟，接收处理信号的驱动时钟，频率为 50 MHz
    input unsigned [11:0] signal_noise;  //待处理信号，12 位无符号数
    output    clk1;                      //读取待处理信号的时钟，频率为 6.25 MHz
    output unsigned[7:0] da1_data;       //8 位无符号二进制整数，送 DA1
    reg signed [11:0] xi;
    wire signed [11:0] Yout;
    always @( posedge clk1)
    //信号处理前，将输入 12 位无符号数变为 12 位有符号数，送滤波器
    if (rst)
        xi <= 12'd0;
    else
        xi <= signal_noise - 12'd2048;
//对滤波后的结果 Yout 先截取高 8 位，然后将其转换成无符号整数并送 DA1
assign da1_data=(Yout[11])?(Yout[11:4]+8'd128):(Yout[11:4]-8'd128);
//由 gclk1 产生接收时钟 clk1
clk_produce u5 (.rst(rst),.gclk(gclk1),.clk(clk1));
//对有符号数滤波处理，输出有符号数 Yout(补码)
IIRLPfilter u6 (.rst(rst),.clk(clk1),.Xin(xi),.Yout(Yout));
```

```
        endmodule
```

5) 信号产生与处理程序(顶层程序)

singal_produce.v 程序如下:

```
    //功能: 产生信号与处理信号
    module signal_produce(rst,gclk2,gclk1,clk2,clk1,da2_data,da1_data);
        input    rst;
        input    gclk2;                //板载时钟 50 MHz
        input    gclk1;                //板载时钟 50 MHz
        output   clk2;                 //8 分频时钟, 6.25 MHz
        output   clk1;                 //8 分频时钟, 6.25 MHz
        output [7:0] da2_data;         //8 位无符号二进制整数, 送 DA2
        output [7:0] da1_data;         //8 位无符号二进制整数, 送 DA1
        wire unsigned[11:0] signal;
        reg[13:0] address = 14'b00000000000000;
        always @(posedge clk2)   //循环产生 ROM 存储单元的地址
            begin
                address=address+14'b00000000000001;
                if (address==14'b11100000000000)
                    begin
                        address=14'b00000000000000;
                    end
            end
        //产生 6.25 MHz 时钟, 作为原始信号读出以及输出到 DA2 的时钟
        clk_produce   u1(.rst(rst),.gclk(gclk2),.clk(clk2));
        //产生信号
        signal_produce_ip u2 (.address(address),.clock(clk2),.q(signal));
        //滤波处理, 处理后输出到 da1_data
        signal_processing u7(.rst(rst),.gclk1(gclk1),.signal_noise(signal),.clk1(clk1),.da1_data(da1_data));
        //截取 12 位无符号正整数的高 8 位, 作为 DA2 的输入
        assign da2_data = signal[11:4];
    endmodule
```

3. MATLAB 仿真与板载测试

MATLAB 下仿真结果如图 6.3～图 6.5 所示。

图 6.3 为模拟滤波器的幅频特性曲线, 由图可知, 设计的滤波器在 26 kHz 处衰减为 3 dB, 符合 ICAO 附件 10 要求。图 6.4 为设计的未经量化的数字低通滤波器的幅频特性曲线。图 6.5 为量化后的数字低通滤波器的幅频特性曲线。二者相差很小, 均满足设计要求。

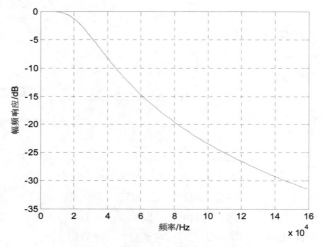

图 6.3 模拟滤波器的幅频特性

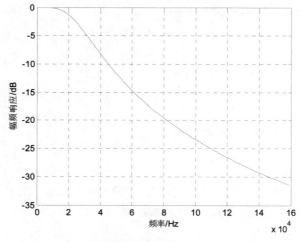

图 6.4 数字滤波器的幅频特性(未量化)

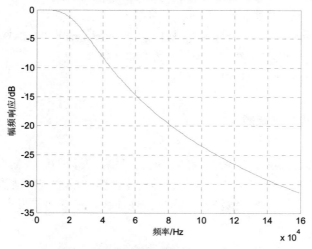

图 6.5 数字滤波器的幅频特性(量化)

板载测试框图如图 5.10 所示，滤波前、后信号波形如图 6.6 所示。

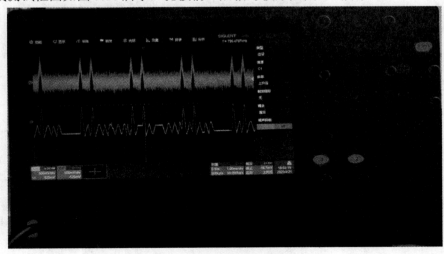

图 6.6　滤波前、后信号波形

由图 6.6 可见，与滤波前相比，滤波后的信号大大抑制了噪声，可提高测量精度。

第 7 章

DPSK 调制器设计与 FPGA 实现

数字调制是数字通信系统的一个基本组成部分，按调制的电参量不同，可分为振幅键控调制、频移键控调制以及相移键控调制三种最基本的调制方式。从频谱利用率、误码率、信道适应能力、功率利用率以及设备复杂度等多方面综合考虑，相移键控调制因其优越性而得到广泛的应用。本章以 2DPSK 调制为例，讨论调制器的设计与 FPGA 实现，其方法与步骤同样适用于其他调制方式。

7.1 项目要求

项目名称：DPSK 调制器设计与 FPGA 实现。

项目要求：利用 MATLAB 完成 DPSK 调制仿真并设计脉冲成形滤波器；在 Quartus Ⅱ 下采用 Verilog HDL 语言编写 m 序列、差分编码、脉冲成形以及 PSK 调制等模块的 FPGA 实现程序。

指标要求：m 序列长度为 $2^{15}-1$，码元速率为 1 Mb/s，载波频率为 2 MHz，对基带信号采样速率为 8 MHz，脉冲成形滤波器的滚降因子为 0.8。

通过该项目，学会 ModelSim 仿真软件的使用，掌握中频调制信号 FPGA 实现方法，具备综合运用通信原理、数字信号处理、可编程数字逻辑电路设计、MATLAB 等知识解决实际问题的能力。

7.2 DPSK 调制原理

DPSK 属于相对相移键控，是一种不存在相位模糊的调制方式。由于 DPSK 调制具有其优越性，因此，该调制方式在移动通信系统、卫星通信系统、北斗卫星导航系统、全球定位系统(GPS)以及微波着陆系统(MLS)中得到了广泛应用。

2DPSK 调制是利用载波相位携带数字信息，其基本工作原理如图 7.1 所示。二进制序列首先经差分编码变成相对码，然后经电平转换，将由 0、1 表示的相对码序列变换成用+1、−1 表示的序列，最后经乘法器输出 DPSK 调制信号。

设原始二进制序列、差分编码序列、经电平转换后的序列以及输出的 DPSK 信号分别用 $a(n)$、$b(n)$、$c(n)$、$s(t)$ 表示，$a(n)$、$b(n)$ 的取值为 0 和 1，$c(n)$ 的取值为+1 与−1。差分编

图 7.1　2DPSK 调制原理

码关系式为

$$b(n) = a(n) \oplus b(n-1) \tag{7-1}$$

式中，$b(n)$、$b(n-1)$分别表示 n 时刻与 $n-1$ 时刻的相对码，$\oplus$ 表示模二加。由上式可见，第 n 时刻的相对码 $b(n)$ 不仅与 n 时刻的原始码 $a(n)$ 有关，而且与 $n-1$ 时刻的相对码 $b(n-1)$ 有关。将 $b(n)$ 中的 0 用 -1 表示，1 用 $+1$ 表示，即得到 $c(n)$。差分编码经电平转换后的 $c(n)$ 可由表 7.1 得到。

表 7.1　$b(n)$ 和 $c(n)$ 与 $b(n\text{-}1)$ 和 $a(n)$ 的关系

$b(n)(c(n))$		$a(n)$	
		0	1
$b(n-1)$	0	0(−1)	1(+1)
	1	1(+1)	0(−1)

DPSK 调制信号 $s(t)$ 为

$$s(t) = \begin{cases} A\cos(\omega t + \varphi) & c(n) = +1 \\ -A\cos(\omega t + \varphi) & c(n) = -1 \end{cases} \quad nT_b \leq t \leq (n+1)T_b \tag{7-2}$$

式中，T_b 为码元周期。

7.3　DPSK 调制器实现方案

7.3.1　DPSK 调制器组成

DPSK 调制器实现框图如图 7.2 所示，相比于图 7.1，将电平转换用脉冲成形滤波器代替，这是由于数字基带信号的带宽无限宽，但 90%的能量均集中在主瓣带宽内，采用脉冲成形滤波器可提高发射端的功率利用率，降低噪声的影响以及减小旁瓣对相邻信道的干扰。

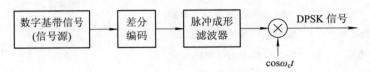

图 7.2　2DPSK 调制实现框图

在数字通信中，幅频响应具有奇对称升余弦过渡带的滤波器是应用最为广泛的成形滤波器，通常称为升余弦滚降滤波器。它是一种有限脉冲响应滤波器，其传递函数为

$$X(f) = \begin{cases} T_{\mathrm{b}}, & 0 \leqslant |f| \leqslant \dfrac{1-\alpha}{2T_{\mathrm{b}}} \\[2mm] \dfrac{T_{\mathrm{b}}}{2}\left\{1 + \cos\left[\dfrac{\pi T_{\mathrm{b}}}{\alpha}\left(|f| - \dfrac{1-\alpha}{2T_{\mathrm{b}}}\right)\right]\right\}, & \dfrac{1-\alpha}{2T_{\mathrm{b}}} < |f| \leqslant \dfrac{1+\alpha}{2T_{\mathrm{b}}} \\[2mm] 0, & |f| > \dfrac{1+\alpha}{2T_{\mathrm{b}}} \end{cases} \qquad (7\text{-}3)$$

式中，α 为滚降因子，$0 \leqslant \alpha \leqslant 1$；$T_{\mathrm{b}}$ 为码元周期，$T_{\mathrm{b}} = 1/R_{\mathrm{b}}$。当 $\alpha = 0$ 时，滤波器的带宽为 $R_{\mathrm{b}}/2$；当 $\alpha = 1$ 时，滤波器的截止频率为 $(1+\alpha)R_{\mathrm{b}}/2 = R_{\mathrm{b}}$。

7.3.2 MATLAB 辅助 DPSK 调制器设计与实现步骤

MATLAB 辅助 DPSK 调制器设计与实现步骤如下：

(1) 在 MATLAB 下设计满足指标要求的升余弦脉冲成形滤波器，并仿真产生 DPSK 信号。即对数字信号差分编码、脉冲成形以及 PSK 调制(乘法器)，产生 DPSK 信号，通过调制信号的波形与频谱检查差分编码器、升余弦滤波器以及 PSK 调制的正确性，并保存升余弦滤波器的系数。

(2) 利用 Verilog HDL 编写差分编码器、升余弦滤波器(FIR 滤波器)、调制器的 FPGA 实现程序。

(3) 在 Quartus Ⅱ下调试程序，将编程文件下载到 FPGA，并用第 4 章设计的 m 序列进行板载测试，检验实现程序的正确性。

7.4 DPSK 调制器设计与 FPGA 实现

7.4.1 MATLAB 下滤波器设计与 DPSK 调制仿真

MATLAB 下滤波器设计与 DPSK 调制仿真 DPSKtiaozhi.m 程序如下：

```
%功能：产生 DPSK 调制信号，设计升余弦滤波器
clc
ps=1*10^6;              %码速率为 1 MHz
a=0.8;                  %成形滤波器系数为 0.8
B=(1+a)*ps;             %中频信号处理带宽
Fs=8*10^6;             %采样速率为 8 MHz
fc=2*10^6;             %载波频率为 2 MHz
N=1000;                %仿真数据的长度
t=0:1/Fs:(N*Fs/ps-1)/Fs;          %产生长度为 N，频率为 Fs 的时间序列
s=randint(N,1,2);                 %产生随机数据作为原始数据
```

```
ds=ones(1,N);                          %将绝对码变换为相对码
for i=2:N
    if s(i)==1
        ds(i)=-ds(i-1);
    else
        ds(i)=ds(i-1);
    end
end
s1=rectpulse(s,Fs/ps);                 %对绝对码数据以 Fs 频率采样
s2=rectpulse(ds,Fs/ps);                %对相对码数据以 Fs 频率采样
t1=0:1/Fs*10^6:200/Fs*10^6;
plot(t1,s1(1:201));xlabel('时间(us)');ylabel('幅度(v)');        %绝对码
axis([0,25,-0.2,1.2]);
grid on;
figure;
plot(t1,s2(1:201));xlabel('时间(us)');ylabel('幅度(v)');        %相对码
axis([0,25,-1.2,1.2]);
grid on;
figure;
Ads=upsample(ds,Fs/ps);                %对相对码数据以 Fs 频率采样
%设计平方升余弦滤波器
n_T=[-2 2];
rate=Fs/ps;
T=1;
Shape_b = rcosfir(a,n_T,rate,T);%figure(4);freqz(Shape_b)
%将设计的量化前的滤波器系数写入 TXT 文件
  fid=fopen('c:\altera\txhFPGA\psksystem\shape_firlpf.txt','w');
  fprintf(fid,'%12.12f\r\n',Shape_b);        %系数位宽 12，精度 12 位的定点数
  fclose(fid);
%将设计的量化后的滤波器系数写入 TXT 文件，滤波系数采用 12 位量化
h_pm12=round(Shape_b/max(abs(Shape_b))*(2^11-1));
fid=fopen('c:\altera\txhFPGA\psksystem\q_shape_firlpf.txt','w');
fprintf(fid,'%12d\r\n', h_pm12);
fclose(fid);
%计算系数绝对值之和，以此估计滤波后 y(n)的有效数据位宽
s12=sum(abs(h_pm12));
rcos_Ads=filter(Shape_b,1,Ads);        %对采样后的数据进行升余弦滤波
plot(t1,rcos_Ads(1:201));xlabel('时间(us)');ylabel('幅度(v)');
axis([0,25,-1.5,1.5]);
```

```
grid on;
figure;
%产生载频信号
f0=sin(2*pi*fc*t);
%产生 DPSK 调制信号
dpsk=rcos_Ads.*f0;
plot(t1,dpsk(1:201));xlabel('时间(us)');ylabel('幅度(v)');
axis([0,25,-1.5,1.5]);
grid on;
figure;
%计算 DPSK 信号的幅频特性
s_spec=20*log10(abs(fft(dpsk)));
s_spec=s_spec-max(s_spec);
x_f=0:length(s_spec)/2-1;x_f=x_f/length(x_f)*Fs/(2*10^6);
plot(x_f,s_spec(1:1:length(s_spec)/2));%DPSK 信号频域波形
xlabel('频率(MHz)');ylabel('幅度(dB)');
grid on;
```

设计的升余弦脉冲成形滤波器量化前、后的系数如表 7.2 所示。由表可见，滤波器系数关于中间对称，与 FIR 滤波器的特性一致。

表 7.2　升余弦脉冲成形滤波器量化前、后系数一览表

量化前系数	量化后系数	量化前系数	量化后系数
0.000000000000	0	0.965416834073	1976
−0.000000000000	0	0.867108571529	1775
−0.005810631621	−12	0.720232835147	1474
−0.018467508594	−38	0.546462023935	1119
−0.036066961821	−74	0.369551813005	756
−0.052970963958	−108	0.210767456065	431
−0.060021087744	−123	0.085237202395	174
−0.045972230194	−94	0.000000000000	0
0.000000000000	0	−0.045972230194	−94
0.085237202395	174	−0.060021087744	−123
0.210767456065	431	−0.052970963958	−108
0.369551813005	756	−0.036066961821	−74
0.546462023935	1119	−0.018467508594	−38
0.720232835147	1474	−0.005810631621	−12
0.867108571529	1775	−0.000000000000	0
0.965416834073	1976	0.000000000000	0
1.000000000000	2047		

仿真结果如图 7.3～图 7.6 所示。

图 7.3 为数字基带信号波形。

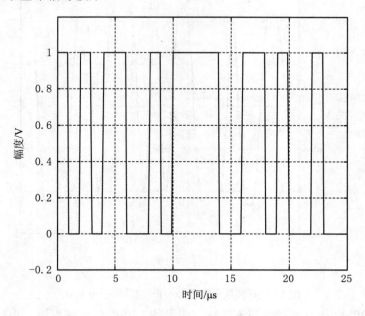

(a) 差分编码前

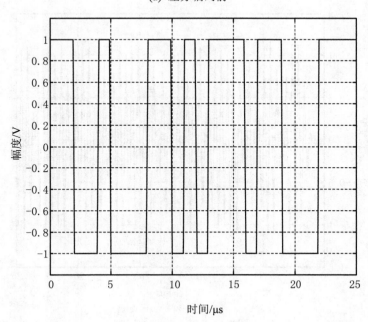

(b) 差分编码后

图 7.3　数字基带信号波形

图 7.4 为采用滚降因子为 0.8 的升余弦脉冲成形后的信号波形。

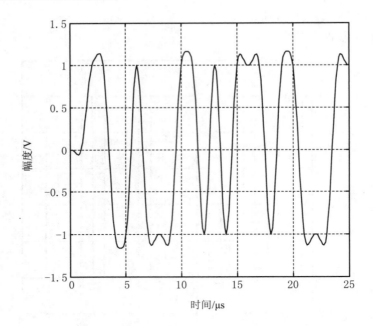

图 7.4 脉冲成形后信号波形(滚降因子为 0.8)

图 7.5 为 DPSK 信号波形，与未经脉冲成形的 DPSK 信号幅度恒定不同，脉冲成形后的 DPSK 信号幅度随基带信号的幅度变化。

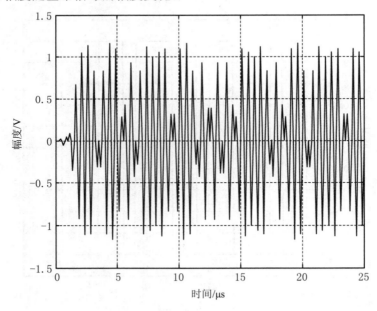

图 7.5 DPSK 信号波形

图 7.6 为 DPSK 信号的幅频特性，相比于未经脉冲成形的 DPSK 信号，带宽变窄，旁瓣大大降低，中心频率不变，仍为 2 MHz。

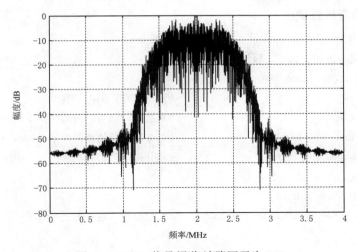

图 7.6　DPSK 信号频谱(滚降因子为 0.8)

7.4.2　DPSK 调制的 FPGA 实现

依据图 7.2 的 DPSK 调制实现框图,采用 Verilog HDL 编写实现程序,其中用于板载测试的数字基带信号源采用长度为 $2^{15}-1$ 的 m 序列,该 m 序列的 FPGA 实现可参考第 4 章的相关内容。

1. 时钟产生程序

采用 ALTPLL IP 核由 50 MHz 的系统时钟产生 32 MHz、8 MHz 以及 1 MHz 的时钟信号,PLL_32_8_1 IP 核如图 7.7 所示。输入为 50 MHz 的系统时钟,输出 3 个占空比为 50% 的方波时钟。

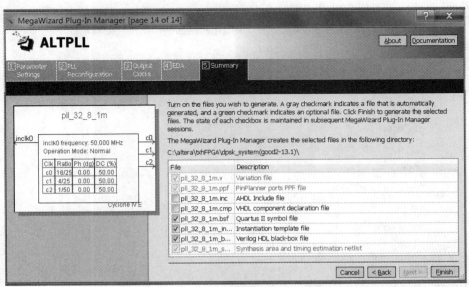

图 7.7　基于 ALTPLL IP 核产生时钟信号

2. 差分编码与极性变换

code.v 程序如下：

```verilog
//功能：差分编码，插值，极性变换
module code (rst,clk,din,dout);
  input    rst;                           //复位信号，高电平有效
  input    clk;                           //系统时钟信号，与采样频率相同，Fs=8 MHz
  input    din;                           //差分编码前的调制数据：1 MHz
  output signed[1:0]    dout;             //差分编码后的调制数据：1 MHz
  reg data;
  reg [2:0] count;
  always @(posedge clk or posedge rst)    //差分编码，绝对码变相对码
  if (rst)
    begin
      data <= 1'b0;
      count <= 3'd0;
    end
  else
    begin
      count <= count + 3'd1;
      if (count==3'd7)
      if (din)
        data <= ~data;
    end
  reg[1:0] dout1;
  always @(posedge clk or posedge rst)    //相对码插值，单极性变双极性
  if (rst)
    dout1 <= 2'd0;
  else
    begin
      if (!data)
        dout1 <= 2'b01;
      else
        dout1 <=2'b11;
    end
    assign dout = dout1;
endmodule
```

3. 脉冲成形

采用滚降因子为 0.8 的升余弦滤波器进行脉冲成形，成形滤波器的系数位宽为 12 位，成形滤波器系数绝对值之和为 18 355，需用 15 位表示，输入数据位数为 2，故 $y(n)$的位数

为 17 位。由于输入数据 2 位宽，滤波器系数 12 位宽，故乘法运算结果为 14 位宽。

pluse_shape.v 程序如下：

```
//功能：对双极性脉冲脉冲成形，由滚降因子为 0.8 的升余弦滤波器实现
module pulse_shape (rst,clk,din,dout);
    input      rst;                        //高电平复位
    input      clk;                        //8 MHz
    input   signed [1:0]   din;            //输入+1 或-1 数据，速率为 8 MHz
    output  signed [16:0] dout;            //脉冲成形后数据输出，速率为 8 MHz
    //脉冲成形滤波器进行脉冲成形
    //将输入数据存入移位寄存器中
    reg signed[1:0] Xin1,Xin2,Xin3,Xin4,Xin5,Xin6,Xin7,Xin8,Xin9,
                Xin10,Xin11,Xin12,Xin13,Xin14,Xin15,Xin16,Xin17;
    reg signed[1:0] Xin18,Xin19,Xin20,Xin21,Xin22,Xin23,Xin24,
                Xin25, Xin26,Xin27,Xin28,Xin29,Xin30;
    always @(posedge clk or posedge rst)
    if (rst)
    //初始化寄存器值为 0
      begin
        Xin1<=2'd0;Xin2<=2'd0;Xin3<=2'd0;Xin4<=2'd0;Xin5<=2'd0;
        Xin6<=2'd0;Xin7<=2'd0;Xin8<=2'd0;Xin9<=2'd0;Xin10<=2'd0;
        Xin11<=2'd0;Xin12<=2'd0;Xin13<=2'd0;Xin14<=2'd0;Xin15<=2'd0;
        Xin16<=2'd0;Xin17<=2'd0;Xin18<=2'd0;Xin19<=2'd0;Xin20<=2'd0;
        Xin21<=2'd0;Xin22<=2'd0;Xin23<=2'd0;Xin24<=2'd0;Xin25<=2'd0;
        Xin26<=2'd0;Xin27<=2'd0;Xin28<2'd0;Xin29<=2'd0;Xin30<= 2'd0;
      end
    else
      begin
        Xin1<=din;Xin2<=Xin1;Xin3<=Xin2;Xin4<=Xin3;Xin5<=Xin4;
        Xin6<=Xin5;Xin7<=Xin6;Xin8<=Xin7;Xin9<=Xin8;Xin10<=Xin9;
        Xin11<=Xin10;Xin12<=Xin11;Xin13<=Xin12;Xin14<=Xin13;
        Xin15<=Xin14;Xin16<=Xin15;Xin17<=Xin16;Xin18<=Xin17;
        Xin19<=Xin18;Xin20<=Xin19;Xin21<=Xin20;Xin22<=Xin21;
        Xin2<=Xin22;Xin24<=Xin23;Xin25<=Xin24;Xin26<=Xin25;
        Xin27<=Xin26;Xin28<=Xin27;Xin29<=Xin28;Xin30<=Xin29;
      end
    //乘加运算
    wire signed [13:0] Mu2,Mu3,Mu4,Mu5,Mu6,Mu7,Mu9,Mu10,Mu11,Mu12, Mu13,Mu14,
                Mu15,Mu16;Mu17,Mu18,Mu19,Mu20,Mu21,Mu22,Mu23,Mu25,Mu26,Mu27,
                Mu28,Mu29,Mu30;
```

```
assign Mu2={{9{Xin2[1]}},Xin2,3'd0}+{{10{Xin2[1]}},Xin2,2'd0};          //*12
assign Mu3={{7{Xin3[1]}},Xin3,5'd0}+{{10{Xin3[1]}},Xin3,2'd0}
          +{{11{Xin3[1]}},Xin3,1'd0};                                  //*38
assign Mu4={{6{Xin4[1]}},Xin4,6'd0}+{{9{Xin4[1]}},Xin4,3'd0}
          +{{11{Xin4[1]}},Xin4,1'd0};                                  //*74
assign Mu5={{5{Xin5[1]}},Xin5,7'd0}-{{8{Xin5[1]}},Xin5,4'd0}
          -{{10{Xin5[1]}}, Xin5,2'd0};                                 //*108
assign Mu6={{5{Xin6[1]}},Xin6,7'd0}-{{10{Xin6[1]}},Xin6,2'd0}
          -{{12{Xin6[1]}},Xin6};                                       //*123
assign Mu7={{6{Xin7[1]}},Xin7,6'd0}+{{7{Xin7[1]}},Xin7,5'd0}
          -{{11{Xin7[1]}},Xin7,1'd0};                                  //*94
assign Mu9={{5{Xin9[1]}},Xin9,7'd0}+{{7{Xin9[1]}},Xin9,5'd0}
          +{{8{Xin9[1]}},Xin9,4'd0}-{{11{Xin9[1]}},Xin9,1'd0};
assign Mu10={{3{Xin10[1]}},Xin10,9'd0}-{{6{Xin10[1]}},Xin10,6'd0}
           -{{8{Xin10[1]}},Xin10,4'd0}-{{12{Xin10[1]}},Xin10};
assign Mu11={{3{Xin11[1]}},Xin11,9'd0}+{{4{Xin11[1]}},Xin11,8'd0}
           -{{9{Xin11[1]}},Xin11,3'd0}-{{10{Xin11[1]}},Xin11,2'd0};
assign Mu12={{2{Xin12[1]}},Xin12,10'd0}+{{6{Xin12[1]}},Xin12,6'd0}
           +{{9{Xin12[1]}},Xin12,3'd0}-{{12{Xin12[1]}},Xin12};
assign Mu13={{2{Xin13[1]}},Xin13,10'd0}+{{3{Xin13[1]}},Xin13,9'd0}
           +{{6{Xin13[1]}},Xin13,6'd0}-{{11{Xin13[1]}},Xin13,1'd0};
assign Mu14={{2{Xin14[1]}},Xin14,10'd0}+{{3{Xin14[1]}},Xin14,9'd0}
           +{{4{Xin14[1]}},Xin14,8'd0}-{{8{Xin14[1]}},Xin14,4'd0}
           -{{12{Xin14[1]}},Xin14};                                    //*1775
assign Mu15={{1{Xin15[1]}},Xin15,11'd0}-{{6{Xin15[1]}},Xin15,6'd0}
           -{{9{Xin15[1]}},Xin15,3'd0};                                //*1976
assign Mu16={{1{Xin16[1]}},Xin16,11'd0}-{{12{Xin16[1]}},Xin16};
assign Mu17={{1{Xin17[1]}},Xin17,11'd0}-{{6{Xin17[1]}},Xin17,6'd0}
           -{{9{Xin17[1]}},Xin17,3'd0};    //*1976
assign Mu18={{2{Xin18[1]}},Xin18,10'd0}+{{3{Xin18[1]}},Xin18,9'd0}
           +{{4{Xin18[1]}},Xin18,8'd0}-{{8{Xin18[1]}},Xin18,4'd0}
           -{{12{Xin18[1]}},Xin18};                                    //*1775
assign Mu19={{2{Xin19[1]}},Xin19,10'd0}+{{3{Xin19[1]}},Xin19,9'd0}
           +{{6{Xin19[1]}},Xin19,6'd0}-{{11{Xin19[1]}},Xin19,1'd0};
assign Mu20={{2{Xin20[1]}},Xin20,10'd0}+{{6{Xin20[1]}},Xin20,6'd0}
           +{{9{Xin20[1]}},Xin20,3'd0}-{{12{Xin20[1]}},Xin20};
assign Mu21={{3{Xin21[1]}},Xin21,9'd0}+{{4{Xin21[1]}},Xin21,8'd0}
           -{{9{Xin21[1]}},Xin21,3'd0}-{{10{Xin21[1]}},Xin21,2'd0};
assign Mu22={{3{Xin22[1]}},Xin22,9'd0}-{{6{Xin22[1]}},Xin22,6'd0}
```

```verilog
            -{{8{Xin22[1]}},Xin22,4'd0}-{{12{Xin22[1]}},Xin22};
    assign Mu23={{5{Xin23[1]}},Xin23,7'd0}+{{7{Xin23[1]}},Xin23,5'd0}
            +{{8{Xin23[1]}},Xin23,4'd0}-{{11{Xin23[1]}},Xin23,1'd0};
    assign Mu25={{6{Xin25[1]}},Xin25,6'd0}+{{7{Xin25[1]}},Xin25,5'd0}
            -{{11{Xin25[1]}},Xin25,1'd0};                        //*94
    assign Mu26={{5{Xin26[1]}},Xin26,7'd0}-{{10{Xin26[1]}},Xin26,2'd0}
            -{{12{Xin26[1]}},Xin26};                             //*123
    assign Mu27={{5{Xin27[1]}},Xin27,7'd0}-{{8{Xin27[1]}},Xin27,4'd0}
            -{{10{Xin27[1]}},Xin27,2'd0};                        //*108
    assign Mu28={{6{Xin28[1]}},Xin28,6'd0}+ {{9{Xin28[1]}},Xin28,3'd0}
            +{{11{Xin28[1]}},Xin28,1'd0};                        //*74
    assign Mu29={{7{Xin29[1]}},Xin29,5'd0}+{{10{Xin29[1]}},Xin29,2'd0}
            +{{11{Xin29[1]}},Xin29,1'd0};                        //*38
    assign Mu30={{9{Xin30[1]}},Xin30,3'd0}+{{10{Xin30[1]}},Xin30,2'd0};
    //乘法运算结果累加
    wire signed [16:0] Xout;              //Xout(n)为成形滤波器的输出
    assign Xout=-Mu2-Mu3-Mu4-Mu5-Mu6-Mu7+Mu9+Mu10+Mu11+Mu12+Mu13+Mu14
            +Mu15+Mu16+Mu17+Mu18+Mu19+Mu20+Mu21+Mu22+Mu23-Mu25
            -Mu26-Mu27-Mu28-Mu29-Mu30;
    wire signed[16:0] Yin;
    assign Yin = (rst ? 17'd0 : Xout);
    reg signed [16:0] Yout_reg;
    always @(posedge clk)
        Yout_reg <= Yin;                  //17 位有符号二进制数
    assign dout=Yout_reg;                 //Yout_reg 为 reg 类型，dout 一直保持
endmodule
```

4. 乘法器实现程序

multiplier.v 程序如下：

```verilog
    //功能：成形滤波器的输出与 sinωt 相乘，实现 psk 调制
    //载频为 2 MHz，码元速率为 1 MHz，脉冲成形输出速率为 8 MHz，即 1 个码元包含两个载波，
    //1 个载波采样 4 点，其值为 0、1、0、-1，用 2 位有符号二进制数表示
    module multiplier (rst,clk,din2,dout,dout2);
        input    rst;                     //高电平复位
        input    clk;                     //8 MHz
        input    signed [16:0] din2;      //成形滤波器输出，17 位宽，速率为 8 MHz
        output unsigned [7:0] dout;       //8 位无符号数输出到 D/A，速率为 8 MHz
        output signed [7:0] dout2;        //8 位有符号数送接收机，速率为 8 MHz
        reg [1:0] count;
        reg signed[16:0] mult;
```

```verilog
always @(posedge clk or posedge rst)
    if (rst)
        //初始化寄存器与计数器值为 0
      begin
            count <= 2'd0;
            mult <= 17'd0;
        end
    else
      begin
            count <= count+1;
            case(count)                    //实现两数相乘
                2'b01: mult <= 17'd0;
                2'b10: mult <= din2;
                2'b11: mult <= 17'd0;
                2'b00: mult <= -din2;
            endcase
        end
    wire signed[7:0] dout1;
assign dout1 = (rst ? 8'd0 : mult[16:9]);
reg signed [7:0] dout_reg;
always @(posedge clk)
    dout_reg <= dout1;
assign dout=(dout_reg[7])?(dout_reg+8'd128):(dout_reg-8'd128); assign dout2 = dout_reg;
endmodule
```

5. DPSK 调制

dpsk_signal.v 顶层程序如下：

```verilog
//功能：产生 DPSK 调制信号，信息码元为长度 2^15 - 1 的 m 序列
//指标：码元速率为 1 MHz，采样速率为 8 MHz，中频为 2 MHz，成形滤波器 a=0.8，阶数为 33
module dpsk_signal(rst,clk_8m,clk_1m,m_out,dout4,frame_out,dpsk_da,dpsk_rece);
    input rst;
    input clk_8m;                    //8 MHz 时钟
    input clk_1m;                    //1 MHz 时钟
    output m_out;                    //m 序列
    output frame_out;                //帧同步
    output unsigned [7:0] dpsk_da;   //送 D/A 的 8 位无符号 DPSK 信号
    output signed [7:0] dpsk_rece;   //送接收机 8 位有符号 DPSK 信号
    output signed [1:0] dout4;       //编码输出，速率为 8 MHz，取值为+1 与−1
wire signed [16:0] dout6;            //脉冲成形输出
```

//产生 m 序列，输出 m 序列(速率为 1 MHz)与帧同步信号

m_sequence u2(.clr(rst),.clk2(clk_1m),.m_out(m_out),.frame_out(frame_out));

//code：差分编码，插值(1 MHz 变成 8 MHz)，单极性变为双极性

code u3(.rst(rst),.clk(clk_8m),.din(m_out),.dout(dout4));

//脉冲成形。输入 2 位双极性差分码，输出 17 位有符号二进制序列

pulse_shape u4(.rst(rst),.clk(clk_8m),.din(dout4),.dout(dout6));

// PSK 调制。输入 17 位有符号数，输出 8 位无符号和有符号 DPSK 信号

multiplier u5(.rst(rst),.clk(clk_8m),.din2(dout6),.dout(dpsk_da),.dout2(dpsk_rece));

endmodule

6. ModelSim 仿真与板载测试

ModelSim 仿真激励源程序如下：

```
// Verilog Test Bench template for design : dpsk_system
// Simulation tool : ModelSim-Altera (Verilog)
`timescale 1 ps/ 1 ps
module dpsk_system_vlg_tst();
    reg rst;
    reg gclk1;
    wire clk_8m;
    wire clk_8mb;
    wire frame_out;
    wire [1:0]   dout4;
    wire m_out;
    wire diffout;
    wire signalout;
    wire bit_sync;
    wire [7:0]   dpsk_da;
    wire [7:0]   carrierout;
    dpsk_system i1 (
            .bit_sync(bit_sync),
            .carrierout(carrierout),
            .clk_8m(clk_8m),
            .clk_8mb(clk_8mb),
            .diffout(diffout),
            .dout4(dout4),
            .dpsk_da(dpsk_da),
            .frame_out(frame_out),
```

```
        .gclk1(gclk1),
        .m_out(m_out),
        .rst(rst),
        .signalout(signalout)
);
parameter clk_period=20000;                    //设置时钟信号周期(频率)：50 MHz
parameter clk_half_period=clk_period/2;
parameter data_clk_period=125000;              //设置数据时钟周期：8 MHz
parameter data_num=1600;                       //仿真数据长度
parameter time_sim=data_num*data_clk_period;   //仿真时间
initial
  begin
    //设置时钟信号初值
        gclk1=1;
        //设置复位信号
        rst=1;
        #110000 rst=0;
        //设置仿真时间
        #time_sim $finish;
        //$display("Running testbench");
end
//产生时钟信号
always
    #clk_half_period gclk1=~gclk1;
endmodule
```

ModelSim 仿真波形如图 7.8 和图 7.9 所示。

图 7.8 为 50 MHz 与 8 MHz 时钟信号。

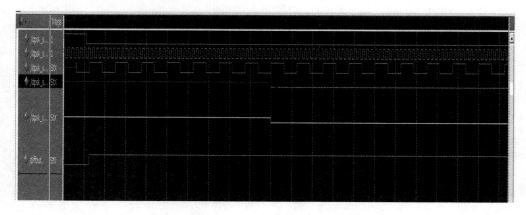

图 7.8　50 MHz 与 8 MHz 时钟信号仿真波形

图 7.9 为 m 序列、差分编码输出以及 DPSK 信号，仿真结果验证了 Verilog HDL 程序的准确性。

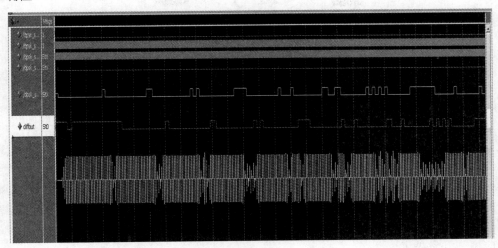

图 7.9　m 序列、差分编码输出以及 DPSK 信号波形

板载测试的 m 序列与 DPSK 信号如图 7.10 所示，进一步说明了采用 FPGA 实现 DPSK 调制的有效性。

图 7.10　板载测试 m 序列与 DPSK 信号波形

第 8 章

数控振荡器及其应用

数控振荡器(Numerically Controlled Oscillator，NCO)在现代通信与电子设备中有着十分广泛的应用。NCO 既可以作为本地振荡器，利用其输出的 1 路或 2 路正交本振信号实现各种调制，也可以作为压控振荡器(Voltage-Controlled Oscillator，VCO)的数字实现，与数字鉴相器、数字环路滤波器构成全数字锁相环，实现锁相环的各种应用。正是由于数控振荡器应用的广泛性，FPGA 生产厂家专门为其提供了 NCO IP 核，供设计者开发使用。本章首先介绍全数字锁相环的组成及其典型应用，然后在分析 NCO IP 核的基础上，讨论基于 NCO IP 核的应用与开发技术。

8.1 数字锁相环及其应用

数字锁相环由数字鉴相器、数字环路滤波器以及数控振荡器组成，其组成框图如图 8.1 所示。

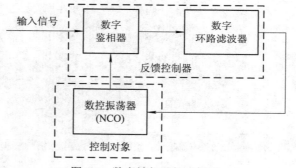

图 8.1　数字锁相环组成框图

数字锁相环是一个自动相位反馈控制电路，包括反馈控制器与控制对象两部分。反馈控制器由数字鉴相器、数字环路滤波器组成，控制对象为数控振荡器。数字鉴相器对输入信号与数控振荡器的输出信号进行鉴相，输出与两个信号的相位差相关的误差信号，该误差信号经数字环路滤波器滤波后，输出一个与相位差相关的控制信号，该控制信号作用于数控振荡器，调整数控振荡器输出信号的频率，使输入信号与数控振荡器输出信号的相位差逐渐变小。当输入信号与数控振荡器输出信号的频率相等，相位差相差很小时，反馈控制电路达到锁定状态。也就是说，数字锁相环达到锁定状态时，输入信号与数控振荡器输出信号的频率完全相等，相位误差很小，且数字环路滤波器输出的控制信号维持不变。当输入信号的频率发生变化时，数字锁相环又将重复上面的调整过程，直到数控振荡器输出信号频率与变化后的输入信号频率相等为止，环路再次进入锁定状态。由于数字锁相环路的相位调整是自动进行的，因此，数字锁相环又称为自动相位控制电路(Automatic Phase Control，APC)。

数字锁相环有两个主要特点：

(1) 良好的跟踪特性，即数控振荡器的输出信号频率可以精确跟踪输入信号频率的变化。环路锁定后，数控振荡器输出信号频率与输入信号频率相等，且稳态相位误差可通过增加环路增益将其控制在所需范围内。

(2) 良好的窄带滤波特性。就频率特性而言，它的带宽可以做得很窄，而且还可通过改变环路增益和滤波器参数调整其大小。

正是由于它的这两个特点，使得数字锁相环在现代电子系统中有着非常广泛的应用。下面主要介绍数字锁相环在相干解调以及相干载波提取方面的应用。

8.1.1　基于数字锁相环的相干解调

1．PM 信号的锁相解调

调相信号锁相解调基本组成框图如图 8.2 所示。A/D 转换器将模拟中频调相信号转换为数字中频调相信号，由数字鉴相器输出的信号经数字低通滤波、D/A 转换后得到解调信号，数字低通滤波器的带宽应大于解调信号的带宽。锁相环路主要用于获取相干载波，要求数字环路滤波器的带宽足够窄，以滤除输入调相信号中的调制信号分量，NCO 能跟踪输入调相信号的中心频率即可。

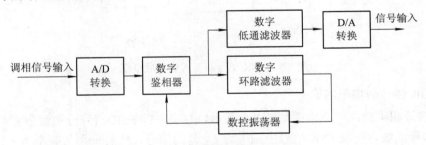

图 8.2　调相信号锁相解调基本组成框图

2．FM 信号的锁相解调

调频信号锁相解调基本组成框图如图 8.3 所示。A/D 转换器将模拟中频调频信号转换为数字中频调频信号，若将数字环路滤波器的带宽设计得足够宽，能使数字鉴相器的输出电压顺利通过，则 NCO 就能跟踪输入调频信号中反映调制规律变化的瞬时频率，即 NCO 的输出信号是一个具有相同调制规律的调频波。显然，此时 NCO 输入端的控制电压就是所需的调频波解调电压。

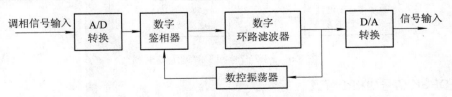

图 8.3　调频信号锁相解调基本组成框图

3. AM 信号的同步检波

AM 信号同步检波基本组成框图如图 8.4 所示。同步检波需要相干载波，数字锁相环路主要用于获取相干载波，将获取的相干载波经 $\pi/2$ 移相后，与输入的 AM 信号共同加到同步检波器，将输出信号进行 D/A 转换，即可获取所需的解调信号。

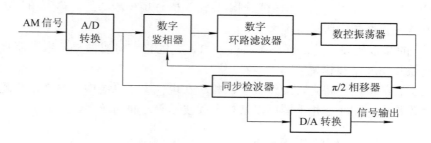

图 8.4　AM 信号同步检波基本组成框图

4. ASK 信号的相干解调

ASK 信号相干解调组成框图如图 8.5 所示。数字中频 ASK 信号与相干载波相乘，然后由数字低通滤波器滤出所需的基带信号，最后通过判决输出，获取数字基带信号。数字锁相环在 ASK 信号相干解调中的作用是提取相干载波，此内容将在后面详细讨论。

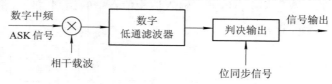

图 8.5　ASK 信号相干解调组成框图

5. FSK 信号的相干解调

FSK 信号相干解调组成框图如图 8.6 所示。数字中频 FSK 信号分别经中心频率为 f_1、f_2 的数字带通滤波，获取 FSK 信号中频率为 f_1、f_2 的信号，然后分别与频率为 f_1、f_2 的相干载波相乘，由数字低通滤波器滤出所需的基带信号，两路信号相减，最后通过判决输出，获取数字基带信号。数字锁相环在 FSK 信号相干解调中的作用是提取相干载波。

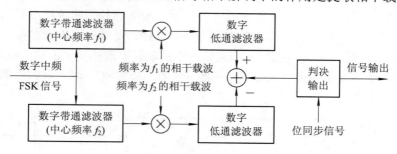

图 8.6　FSK 信号相干解调组成框图

6. DPSK 信号的相干解调

科斯塔斯(Costas)环 DPSK 信号相干解调组成框图如图 8.7 所示。Costas 环又称为同相正交环，用于提取相干载波，同相支路鉴相器的输出经数字低通滤波器滤出所需的基带信号，通过判决输出，获得数字基带信号，最后经差分解码输出原始信号序列。

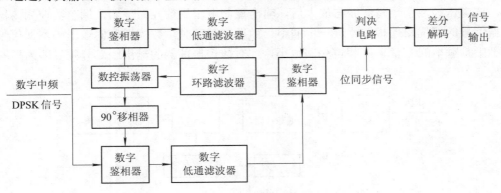

图 8.7 DPSK 信号相干解调组成框图

8.1.2 基于数字锁相环的相干载波提取

当对接收信号进行相干解调时，接收机需提供一个与发送端调制载波同频同相的相干载波，获得这个相干载波的过程称为载波提取，或称为载波同步。相干载波通常都是从接收的信号中提取的，以便在接收信号发生频率漂移等情况时相干载波仍能自适应跟随接收信号同步变化，满足信道时变要求。如果接收的已调信号中包含载波分量，则可用数字锁相环直接提取相干载波；如果已调信号中没有载波分量，则可采用平方环法与科斯塔斯环法获取相干载波。这三种相干载波提取技术都是基于锁相环实现的。

1. 基于数字锁相环的直接相干载波提取

对于已调信号包含载波分量的接收信号来说，可直接采用数字锁相环来提取相干载波，采用锁相环提取相干载波组成框图如图 8.8 所示。数字鉴相器对接收的中频调制信号与数控振荡器输出的载波信号进行鉴相(相位比较)，输出与相位差成比例的误差信号，该信号经数字环路滤波器后，作为数控振荡器(NCO)的控制信号，改变数控振荡器的输出频率，使数字鉴相器的输出发生变化。当数控振荡器输出信号频率与接收中频相等且相位相差一个小的固定误差时，数字环路滤波器输出的控制信号保持不变，从而实现数控振荡器输出与接收中频同步，即实现载波同步。当接收信号的中心频率发生变化时，数字锁相环会自适应地跟随变化，以实现数控振荡器输出信号频率与变化后的接收信号中心频率同步。

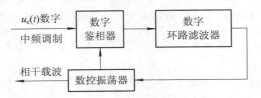

图 8.8 数字锁相环相干载波提取组成框图

2. 平方环法相干载波提取

平方环法相干载波提取组成框图如图 8.9 所示。该方法将输入信号平方或全波整流(即非线性变换),产生二倍频分量,经数字带通滤波输出频率为中频两倍的正弦信号,该信号输入到数字鉴相器,与数控振荡器输出的本振信号进行相位比较,输出与相位差成正比的电压,该电压经数字环路滤波与放大后,输出控制电压到数控振荡器,调整数控振荡器输出本振信号的相位,使相位差进一步缩小。当环路锁定时,数控振荡器输出的本振信号频率等于中频频率的 2 倍,其相位相差很小,此时数控振荡器的输出经二分频后即为提取的相干载波。

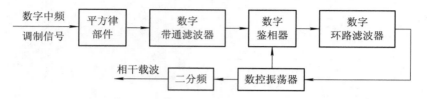

图 8.9　平方环法相干载波提取组成框图

3. Costas 环法相干载波提取

Costas 环法是另外一种利用非线性变换提取相干载波的方法,应用十分广泛,其组成框图如图 8.10 所示。由于加于两个数字鉴相器的本振信号分别为数控振荡器的输出信号 $\cos(\omega_n + \phi_r)$ 和它的正交信号 $\sin(\omega_n + \phi_r)$,因此通常将这种环路称为同相正交环。它类似于有附加电路的普通锁相环,而且在某些方面这两者确实一样,数控振荡器也用来产生相干载波。

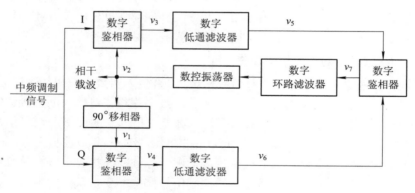

图 8.10　Costas 环法相干载波提取组成框图

设输入的数字中频调制信号 $\pm A\cos(\omega_n + \phi_s)$(双相调制)加到 I 和 Q 两个数字鉴相器,它们分别和 NCO 产生的 $\cos(\omega_n + \phi_r)$ 和 $\sin(\omega_n + \phi_r)$ 相乘,则这两个数字鉴相器的输出为:同相 I 路为 $\pm\frac{A}{2}[\cos\phi_e + \cos(2\omega_n + \phi_s + \phi_r)]$;正交 Q 路为 $\pm\frac{A}{2}[\sin\phi_e + \sin(2\omega_n + \phi_s + \phi_r)]$,$\phi_e = \phi_s - \phi_r$。当它们通过数字低通滤波器之后,就变为 $\pm\frac{A}{2}\cos\phi_e$ 和 $\pm\frac{A}{2}\sin\phi_e$。

这两个包含有相移键控信息和载波相位的信号再加到第三个数字鉴相器,得到 $A^2\sin(2\phi_e)/8$,经数字环路滤波器滤波后,这个信号就用来调整 NCO 的振荡频率与相位,使它跟踪输入载波,即实现 NCO 输出与接收的载波同步,达到载波恢复的目的。

Costas 环的工作频率是载波频率本身，而平方环的工作频率是载波频率的两倍。显然，当载波频率很高时，工作频率较低的 Costas 环易于实现。另外，Costas 环性能超过一般锁相环，其主要优点是它能够解调相移键控信号和抑制载波的信号。

8.2　NCO IP 核

数控振荡器既可以作为一个独立的部件，产生频率固定的本振信号，也可以作为数字锁相环的基本组成部分，产生频率随控制信号变化的振荡信号。为方便设计开发，FPGA 生产厂家提供有 NCO IP 核供用户使用。NCO IP 核功能强大，除了可产生频率固定或频率受控的振荡信号外，还可产生各种调制信号。NCO IP 核的参数较多，为了在实际应用中正确设置参数，下面来讨论 NCO IP 核。

8.2.1　NCO IP 核的组成与输入/输出关系

NCO IP 核的组成框图如图 8.11 所示，其中，实线为基本组成部分，虚线为可选组成部分。基本组成部分包括相位累加器和波形产生单元，而波形产生单元主要由正弦、余弦查找表(LUT)组成，可选组成部分包括频率调制器、相位调制器以及抖动发生器等。在系统时钟或工作时钟 f_{CLK}(周期为 T)沿的作用下，由相位累加器(Phase Accumulator)对上次的相位和相位增量(Phase Increment，即频率控制字)ϕ_{INC}进行累加，得到本次的相位，再根据相位在正弦、余弦查找表中查出对应的正弦和余弦值后输出。

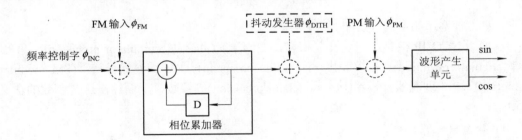

图 8.11　NCO IP 核组成框图

正弦、余弦查找表按以下函数存放数据：

$$\sin(n) = \sin\frac{2\pi n}{L} \tag{8-1}$$

$$\cos(n) = \cos\frac{2\pi n}{L} \tag{8-2}$$

式中，n 为输入到查找表的地址；L 为查找表中样本的数量；$\sin(n)$、$\cos(n)$分别为正弦波和余弦波在$(2\pi n/L)$位置的幅值。

依据 NCO IP 核的组成框图，产生的正弦波由下式确定：

$$s(nT) = A\sin[2\pi(f_0 + f_{FM})nT + \phi_{PM} + \phi_{DITH}] \tag{8-3}$$

式中，T 为系统时钟的周期；f_0 为由 ϕ_{INC} 决定的未调制信号的频率；f_{FM} 为由 ϕ_{FM} 决定的调频信号的频率；ϕ_{PM} 由相位调制的输入 P 以及 P 的位宽(P_{width})得到，$\phi_{\text{PM}} = \dfrac{2\pi P}{2^{P_{\text{width}}}}$；$\phi_{\text{DITH}}$ 为内部抖动值；$A = 2^{N-1}$，N 为幅度精度，取值为 0～32 之间的整数。

f_0 由下式确定：

$$f_0 = \frac{\phi_{\text{INC}} \cdot f_{\text{CLK}}}{2^M} \text{ Hz} \tag{8-4}$$

式中，M 为相位累加器的精度；f_{CLk} 为时钟频率。

当 $\phi_{\text{INC}} = 1$ 时，得到 NCO 输出信号的最小频率，称为 NCO 的频率分辨率，用 f_{res} 表示：

$$f_{\text{res}} = \frac{f_{\text{CLK}}}{2^M} \text{ Hz} \tag{8-5}$$

设系统时钟为 100 MHz，NCO 相位累加器的精度为 32 位，依据式(8-5)可计算出该振荡器的频率分辨率为 0.0233 Hz。采用该振荡器输出 6.25 MHz 的振荡信号，依据式(8-4)可计算出频率控制字应设置为

$$\frac{6.25 \times 10^6}{100 \times 10^6} \times 2^{32} = 268\ 435\ 456$$

需要说明的是，NCO IP 核能根据设置的参数，自动计算频率控制字。

f_{FM} 由下式确定：

$$f_{\text{FM}} = \frac{\phi_{\text{FM}} \cdot f_{\text{CLK}}}{2^F} \text{ Hz} \tag{8-6}$$

式中，F 为频率调制器的分辨率。

在使用 NCO IP 核时，需要设置相位累加器精度(phase accumulator precision)、角度分辨率(angular resolution)、幅度精度(magnitude precision)、FM 调制器分辨率(FM modulator resolution)、PM 调制器分辨率(PM modulator precision)等参数，下面给出这些参数的含义，以便于正确设置。

1) 相位累加器精度

相位累加器精度指的是相位累加器输出的相位值用二进制数据表示时的位宽。例如，将相位累加器精度设置为 32，则相位累加器输出的相位值用 32 位二进制数表示；若设置为 25，则相位累加器输出的相位值用 25 位二进制数表示。显然，设置值越大，则相位累加器输出的相位值的精度越高。

2) 角度分辨率

角度分辨率即相位角的分辨率，是指加到查找表的地址用二进制数据表示的位宽。设置的参数值越大，角度分辨率越高。角度分辨率应不大于相位累加器精度。

3) 幅度精度

幅度精度指由查找表读出的正弦波形和余弦波形数据用二进制数据表示的位宽。由于查找表存储的正弦波形和余弦波形数据就是正弦波形和余弦波形的幅值序列，因此，称为幅度精度。与角度分辨率相同，设置的参数值越大，表示的幅值越精确。

4) FM 调制器分辨率

FM 调制器分辨率指的是 FM 调制器输出的相位用二进制数据表示的位宽。FM 调制器分辨率应不大于相位累加器精度。

5) PM 调制器分辨率

PM 调制器分辨率指的是 PM 调制器输出的相位用二进制数据表示的位宽。FM 调制器分辨率应不大于相位累加器精度。

如果设置相位累加器精度为 32 位,角度分辨率为 16 位,幅度精度为 18 位,则相位累加器输出的 32 位相位值仅取高 16 位作为查找表的地址,由查找表输出的正弦波形和余弦波形的幅度为 18 位宽的二进制数据。

8.2.2　NCO IP 核的实现架构

NCO 产生输出信号的常用方法是累加相位增量,然后使用累加相位值来寻址 ROM 查找表。在这种方法中,可通过使用乘法器来有效减小 ROM 的大小,但需要更多的逻辑单元。另一种方法是坐标旋转数字计算(Coordinate Rotation Digital Computer,CORDIC)算法,通过迭代确定正弦值和余弦值。NCO IP 核支持大规模 ROM、小规模 ROM、基于 CORDIC 算法和基于乘法器的实现架构四种。

1. 大规模 ROM 实现架构

如果设计需要产生非常高速的正弦波形,并且有大量的内存供设计使用,则选择大规模 ROM 实现架构。在这种架构中,ROM 存储 0°～360° 的正弦波形和余弦波形,通过相位累加器的输出寻址 ROM。由于存储器存储有给定角度和幅度精度的所有可能的输出值,所以生成的波形频谱纯度高。这种大规模 ROM 实现架构使用的逻辑单元(LE)最少。

2. 小规模 ROM 实现架构

如果设计的系统要求输出频率高,且使用较少的逻辑单元,则选择小规模 ROM 实现架构。在这种实现结构中,存储器只存储 0°～45° 的正弦波形和余弦波形,其他角度的输出值基于 0°～45° 的值得到。

3. 基于 CORDIC 算法的实现架构

对于内存受限的系统来说,CORDIC 实现架构是一种高性能、高精度的振荡器实现方案。CORDIC 算法通过迭代移位相角来计算输入相位值的正弦值和余弦值。在 NCO IP 核中,CORDIC 实现架构有并行 CORDIC 架构与串行 CORDIC 架构供选择。其中,并行 CORDIC 架构完全采用逻辑元件实现,每个时钟周期只有一个输出采样的吞吐量,每个时钟周期都有一个新的输出值;串行 CORDIC 架构也完全采用逻辑元件实现,但比并行 CORDIC 架构使用更少的资源,多个时钟周期产生一个新的输出值,适用于产生低频率、高精度的输出波形场合。

4. 基于乘法器的实现架构

基于乘法器的实现架构使用乘法器来减少内存的使用,乘法器可采用逻辑单元(Cyclone 系列)或组合 ALUTs(Stratix 系列)来实现,或者采用专用乘法器电路(Stratix Ⅴ、Stratix Ⅳ、Stratix Ⅲ、Stratix Ⅱ、Stratix gX、Stratix 或 Arria gX 系列)来实现。这种实现架构多个时钟周期产生一个新的输出值。如果需要产生两路输出，IP 核提供了每两个时钟周期输出一个样本的选项，这样可有效减少所用器件的资源。

NCO IP 核支持上述四种实现架构，在设计中可根据所用 FPGA 器件的资源、要求输出波形的频率与精度等，在 IP 核中选择一种合适的 NCO 实现结构。

8.2.3　CORDIC 算法原理

CORDIC 算法即坐标旋转数字计算方法，由 J.D.Volder 于 1959 年首次提出，J.Walther 于 1971 年提出统一的 CORDIC 形式。该算法采用移位和加减运算代替乘法运算，通过递归来计算三角函数、双曲函数及其他的一些基本函数(如 sin、cos、sinh、cosh 等)，不需要做查三角函数表、乘法、开方及反三角函数等复杂运算。CORDIC 算法由于具有频率精度高、转换时间短、频谱纯度高以及频率相位易编程等特点，在兼顾速度、精度、资源方面具有优越性，特别适合在 FPGA 中产生高精度的正弦和余弦波形，因此，在 NCO IP 核的实现架构中也采用了该算法。

CORDIC 算法原理示意图如图 8.12 所示。已知 P_0 点的坐标为(x_0, y_0)，经一次逆时针旋转，旋转角度为 θ_1，得到 P_1 点，其坐标为(x_1, y_1)，则 P_0 点与 P_1 点的坐标关系为

$$\begin{cases} x_1 = x_0 \cos(\theta_1) - y_0 \sin(\theta_1) = \cos(\theta_1)(x_0 - y_0 \tan(\theta_1)) \\ y_1 = y_0 \cos(\theta_1) + x_0 \sin(\theta_1) = \cos(\theta_1)(y_0 + x_0 \tan(\theta_1)) \end{cases} \tag{8-7}$$

同理，第 i 次旋转得到的 $P_i(x_i, y_i)$ 与 $P_{i-1}(x_{i-1}, y_{i-1})$ 点的坐标关系为

$$\begin{cases} x_i = x_{i-1} \cos(\theta_i) - y_{i-1} \sin(\theta_i) = \cos(\theta_i)(x_{i-1} - y_{i-1} \tan(\theta_i)) \\ y_i = y_{i-1} \cos(\theta_i) + x_{i-1} \sin(\theta_i) = \cos(\theta_i)(y_{i-1} + x_{i-1} \tan(\theta_i)) \end{cases} \tag{8-8}$$

式中，θ_i 为第 i 次逆时针旋转的角度。

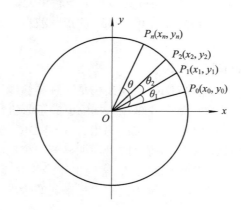

图 8.12　CORDIC 算法原理示意图

假设 P_n 点由 P_0 点经 n 次逆时针旋转得到，而且取每次旋转的角度满足

$$\tan(\theta_i) = \frac{1}{2^i} \tag{8-9}$$

则 $\cos(\theta_i)$ 可表示为

$$\cos(\theta_i) = \left(\frac{1}{1+2^{-2i}}\right)^{0.5} \tag{8-10}$$

此时，式(8-8)可进一步表示为

$$\begin{cases} x_i = \left(\dfrac{1}{1+2^{-2i}}\right)^{0.5}(x_{i-1} - y_{i-1} \cdot 2^{-i}) \\ y_i = \left(\dfrac{1}{1+2^{-2i}}\right)^{0.5}(y_{i-1} + x_{i-1} \cdot 2^{-i}) \end{cases} \tag{8-11}$$

考虑到在由 P_0 点经 n 次逆时针旋转得到 P_n 点的迭代运算中，当迭代次数 i 达到一定值(仿真表明，通常经 10 次以上的迭代即可满足)时，有下式成立：

$$\left(\frac{1}{1+2^{-2\times1}}\right)^{0.5} \cdot \left(\frac{1}{1+2^{-2\times2}}\right)^{0.5} \cdots \left(\frac{1}{1+2^{-2\times i}}\right)^{0.5} \approx 0.6073 \tag{8-12}$$

则式(8-11)可进一步简化为

$$\begin{cases} x_i = 0.6073(x_{i-1} - y_{i-1} \cdot 2^{-i}) \\ y_i = 0.6073(y_{i-1} + x_{i-1} \cdot 2^{-i}) \end{cases} \tag{8-13}$$

在采用式(8-13)进行迭代运算时，由于用常数 0.6073 代替了式(8-11)中的 $\left(\dfrac{1}{1+2^{-2i}}\right)^{0.5}$，

因此，在迭代运算的初期阶段会产生一定误差，但随着迭代次数的增加，误差会迅速减小，最后，误差可忽略不计。

在上面的推导中，仅考虑了逆时针旋转的情况。但在实际迭代运算中，逆时针旋转与顺时针旋转均存在，因此，在式(8-13)中还需增加一项反应旋转方向的符号 $s(i)$，其取值如下：

$$s(i) = \begin{cases} +1 & \text{表示第}i\text{次迭代为逆时针旋转} \\ -1 & \text{表示第}i\text{次迭代为顺时针旋转} \end{cases} \tag{8-14}$$

考虑旋转方向后的迭代运算表达式为

$$\begin{cases} x_i = 0.6073(x_{i-1} - s(i) \cdot y_{i-1} \cdot 2^{-i}) \\ y_i = 0.6073(y_{i-1} + s(i) \cdot x_{i-1} \cdot 2^{-i}) \end{cases} \tag{8-15}$$

式(8-15)为 CORDIC 算法的迭代表达式，关于该式的物理意义说明如下：

(1) 在计算 P_n 点的坐标(x_n, y_n)时，可在给定起始点 $P_0(x_0, y_0)$的基础上，通过该式采

用迭代的方法得到，且通过较少的迭代次数，即可实现精度要求。

（2）由迭代表达式可以看出，迭代运算只需通过简单的二进制移位和加减运算即可实现，特别适用于 FPGA 的工程实现。

（3）当设置旋转半径为 1，旋转的初始位置为 0°（即 $y_0 = 0$，$x_0 = 1$)时，通过迭代得到的 x_n 与 y_n 的值就是角度 θ 对应的余弦值与正弦值。

正因如此，NCO IP 核采用 CORDIC 算法来完成正弦和余弦函数值的计算，为内存资源非常有限的系统提供了一种高性能的高精度振荡器解决方案。

8.3 基于 IP 核的 NCO 开发流程

NCO IP 核开发流程如下。

（1）创建工程。

打开 Quartus Ⅱ，选择"File"菜单中的"New Project Wizard…"项，按工程创建向导步骤创建新工程，如图 8.13 所示。

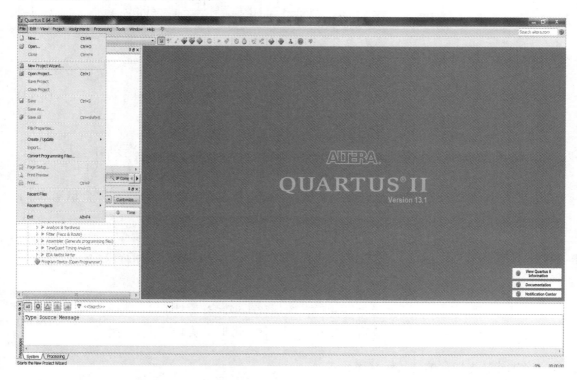

图 8.13　创建工程

（2）创建宏功能。

选择"Tools"菜单中的"MegaWizard Plug-In Manager"项，选择"Create a new custom megafunction variation"，如图 8.14 所示。

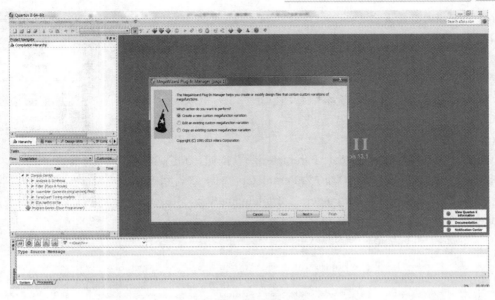

图 8.14 创建宏功能

(3) 选择 NCO IP 核，输入设计的 NCO 名称。

在图 8.14 中单击"Next"按钮，在出现的对话框的左侧列表框中选择"DSP"→"Signal Generation"→"NCO v13.1"，在对话框的右侧选择 FPGA 芯片与输出文件采用的编程语言，并输入设计的 NCO 的名称，如图 8.15 所示。

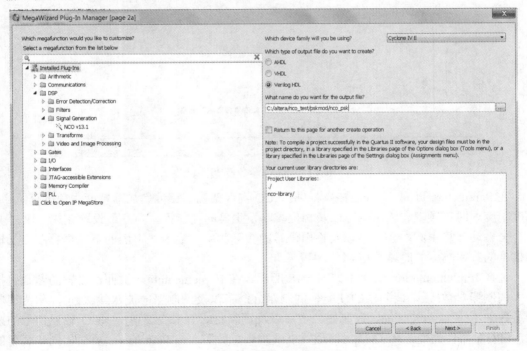

图 8.15 选择 NCO IP 核

(4) 启动 IP 工具平台。

在图 8.15 中单击 "Next" 按钮，打开 IP 工具平台，如图 8.16 所示。IP 工具平台由 NCO IP 核文档、NCO 参数设置模块、仿真设置模块以及 NCO 生成模块等部分组成。利用 IP 工具平台即可完成 NCO 参数设计，并在设置参数合适的条件下，生成符合要求的 NCO。

(5) 设置 NCO 设计参数。

单击 IP 工具平台的 "Setp 1: Parameterize" 按钮，进入 NCO 参数设置界面，如图 8.17 所示(此时为 Parameters 页面(缺省状态))。NCO 参数设置界面包括 Parameters、Implementation、Resource Estimate 三个页面。

图 8.16　IP 工具平台

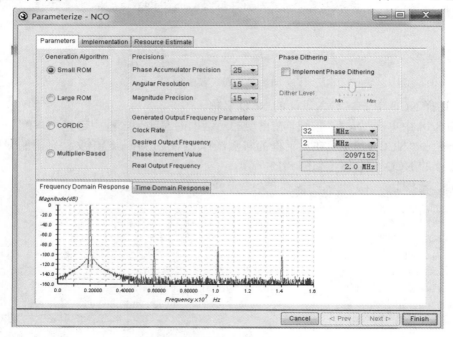

图 8.17　NCO 参数设置(一)

在 Parameters 页面，设置的参数包括 NCO 实现架构、相位累加器精度、角度分辨率、幅度精度、时钟频率、输出频率以及相位抖动发生器的使能等。当参数设置完成，IP 工具平台会自动计算出频率控制字以及输出信号的实际频率并显示。页面的下部会自动显示输出信号的频率响应与时域响应。

选择 Implementation 页面，如图 8.18 所示。在 Implementation 页面，设置的参数包括频率调制器参数(频率调制器的使能、调制器分辨率以及调制器的流水线级别)，相位调制器参数(相位调制器的使能、调制器分辨率以及调制器的流水线级别)，NCO 输出信号的路数，FPGA 器件类型，NCO 输出信道数以及跳频点数等。与 Parameters 页面相同，页面的下部会自动显示输出信号的频率响应与时域响应。

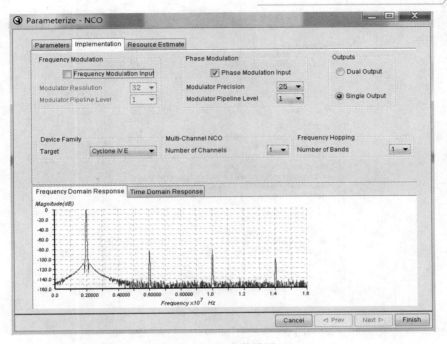

图 8.18　NCO 参数设置(二)

选择 Resource Estimate 页面，如图 8.19 所示。在 Resource Estimate 页面，主要显示逻辑单元(LE)、存储器、M9K 等 FPGA 器件资源的使用情况。

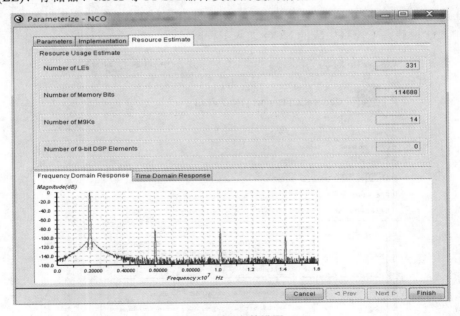

图 8.19　NCO 参数设置(三)

单击"Finish"按钮，参数设置完毕。

(6) 设置仿真参数。

在图 8.16 中，单击"Setp 2: Set Up Simulation"按钮，进入仿真参数的设置页面，如

图 8.20 所示。此页面包括是否生成仿真模型、仿真模型采用的语言以及是否产生网络表等，参数设置完毕，单击"OK"按钮。

图 8.20　仿真参数设置

(7) 生成符合参数要求的 NCO。

在图 8.16 中，单击"Setp 3: Generate"按钮，将按照设置的参数生成需要的 NCO。若成功生成 NCO，将形成报告文件，并在页面下部显示"MegaCore Function Generation successful"，如图 8.21 所示；若不能生成 NCO，则需要调整参数，如时钟频率等，重新生成 NCO，直到成功。成功后，单击"Exit"按钮，退出 IP 工具平台。到此为止，基于 NCO IP 核的 NCO 设计完毕，将生成的 NCO 加入工程即可。

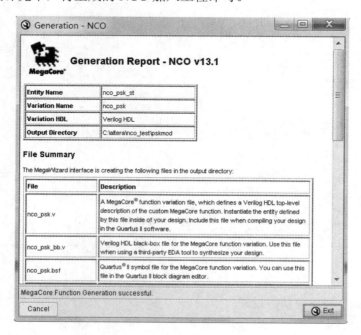

图 8.21　NCO 生成

8.4　基于 NCO IP 核的调制器设计与实现

由上面的讨论可以看出，NCO IP 核不仅包含有 NCO 的基本组成，还有频率调制器、相位调制器以及相位抖动发生器等，功能十分强大，为工程应用提供了方便。下面讨论基于 NCO IP 核的 PSK 与 FSK 调制器的设计与实现。

8.4.1　基于 NCO IP 核的 PSK 调制器设计与实现

1. 设计要求

设计一个 PSK 调制器。其中，数字基带信号传输速率为 1 Mb/s；调制器输出 PSK 信号的频率为 2 MHz；当数字信号为 1 与 0 时，输出的 PSK 信号相位分别为 0° 与 180°。

2. 参数设计

采用 NCO IP 核设计 PSK 调制器，NCO IP 核的设置参数如下。

(1) 系统时钟频率为 32 MHz。

(2) 输出信号频率为 2 MHz。

(3) 相位累加器精度 25 位。

(4) 角度分辨率 15 位。

(5) 幅度精度 15 位。

(6) 相位调制器参数：相位调制器使能；调制器分辨率为 25 位；1 级流水线。

(7) 频率调制器参数：频率调制器不使能。

(8) NCO 实现采用 Small ROM 架构。

(9) 其他参数：NCO 输出信号为 1 路；输出信道数为 1；调频点数为 1，即不跳频；FPGA 器件为 Cyclone Ⅳ E 类型。

利用 IP 工具平台，实现上述 NCO 参数设置的界面如图 8.22 和图 8.23 所示。

根据设置的系统时钟频率、输出信号频率以及相位累加器精度参数，采用式(8-4)可计算出频率控制字为 2 097 152。

为了实现 PSK 调制，需要使能 NCO IP 核的相位调制器。设相位调制器的分辨率为 L，则相位调制器的初始相位 ϕ_{PM}(rad)与相位调制器的输入 P 的关系为

$$\phi_{PM} = \frac{2\pi \cdot P}{2^L} \text{ rad} \tag{8-16}$$

根据输入数字基带信号的高、低电平，调整相位调制器的输入值 P，即可改变输出信号的相位，达到实现 PSK 调制的目的。由设计要求可知，当数字基带信号为高电平时，输出信号的初始相位为 0 rad；当数字基带信号为低电平时，输出信号的初始相位为 π rad。将相位调制器的分辨率 25、初始相位 0 rad 与 π rad 分别代入式(8-16)，可计算出相位调制器的输入值 P。即初始相位 0 rad 时，$P = 0$；初始相位为 π rad 时，$P = 16\ 777\ 216$。

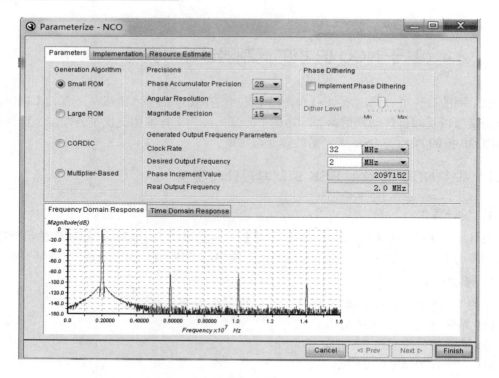

图 8.22　PSK 调制器 NCO 参数设置(一)

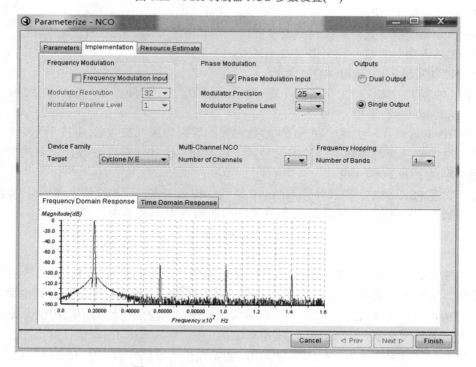

图 8.23　PSK 调制器 NCO 参数设置(二)

3. PSK 调制器实现与仿真

PSK 调制器 FPGA 实现程序如下：

```verilog
//pskmod.v 程序清单
module pskmod (rst,clk,din,dout);
input       rst;                        //复位信号，高电平有效
input       clk;                        //时钟：32 MHz
input       din;                        //调制原始数据，Rb = 1 MHz
output signed [14:0]    dout;           //输出 PSK 信号
//实例化 NCO 核所需的接口信号
wire reset_n,out_valid,clken;
wire [24:0] carrier;
wire signed [24:0] phase_df;
assign reset_n = !rst;
assign clken = 1'b1;
assign carrier=25'd2097152;             //fc = 2 MHz
//实例化 NCO 核
nco_psk   u0 (.phi_inc_i (carrier),.clk (clk),
.reset_n (reset_n),.clken (clken),
.phase_mod_i (phase_df),.fsin_o (dout),
.out_valid (out_valid));
//根据输入数据的高、低电平，设置不同的相位偏移量
assign phase_df = (din)?25'd0:25'd16777216;
endmodule
```

ModelSim 仿真激励源程序如下：

```verilog
//pskmod.vt 清单
// Verilog Test Bench template for design : pskmod
// Simulation tool : ModelSim-Altera (Verilog)
`timescale 1 ns/ 1 ps
module pskmod_vlg_tst();
reg clk;
reg din;
reg rst;
wire [14:0]    dout;
pskmod i1 (.clk(clk),.din(din),.dout(dout),.rst(rst));
parameter clk_period=20;                //设置时钟信号周期(频率)：50 MHz
parameter clk_half_period=clk_period/2;
parameter data_half_period=clk_half_period*64;
parameter data_num=1000;                //仿真数据长度
parameter time_sim=data_num*clk_period; //仿真时间
```

```
initial
begin
//设置输入信号初值
din=1'd0;
//设置时钟信号初值
clk=1;
//设置复位信号
rst=1;
#110 rst=0;
//设置仿真时间
#16000 $finish;
//time_sim $finish;//
end
//产生时钟信号
always
#clk_half_period clk=~clk;
always
#data_half_period din=~din;
endmodule
```

ModelSim 仿真波形如图 8.24 所示。仿真结果验证了采用 NCO IP 核实现 PSK 调制的正确性。

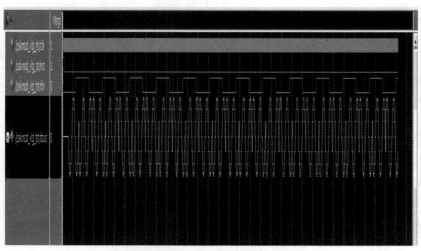

图 8.24　PSK 调制仿真波形

8.4.2　基于 NCO IP 核的 FSK 调制器设计与实现

1. 设计要求

设计一个 FSK 调制器。其中，数字基带信号传输速率为 0.5 Mb/s；调制器输出 FSK 信号的中心频率为 3 MHz；频移指数为 4.8，即数字信号为 1 与 0 时，输出的信号频率分别为 4.2 MHz 与 1.8 MHz。

2．参数设计

采用 NCO IP 核设计 FSK 调制器，NCO IP 核的设置参数如下。

(1) 系统时钟频率为 24 MHz。

(2) 输出信号中心频率为 3 MHz。

(3) 相位累加器精度 16 位。

(4) 角度分辨率 12 位。

(5) 幅度精度 12 位。

(6) 相位调制器参数：相位调制器不使能。

(7) 频率调制器参数：频率调制器使能；调制器分辨率为 16 位；1 级流水线。

(8) NCO 实现采用 Small ROM 架构。

(9) 其他参数：NCO 输出信号为 1 路；输出信道数为 1；调频点数为 1，即不跳频；FPGA 器件为 Cyclone Ⅳ E 类型。

利用 IP 工具平台，实现上述 NCO 参数设置的界面如图 8.25 和图 8.26 所示。

根据设置的系统时钟频率、输出信号频率以及相位累加器精度参数，采用式(8-4)可计算出频率控制字为 8192。

实现 FSK 调制，需要使能 NCO IP 核的频率调制器。根据设计要求，当输入的数字基带信号为高电平时，输出频率为 4.2 MHz，频率偏移量为 1.2 MHz，根据式(8-6)可计算出频率调制器输入的频率控制字为 3277；同理，当输入的数字基带信号为低电平时，输出频率为 1.8 MHz，频率偏移量为 −1.2 MHz，计算出的频率调制器输入的频率控制字为 −3277。

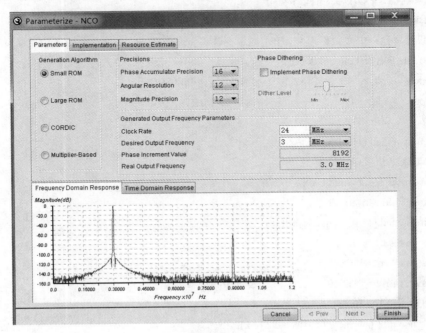

图 8.25　FSK 调制器 NCO 参数设置(一)

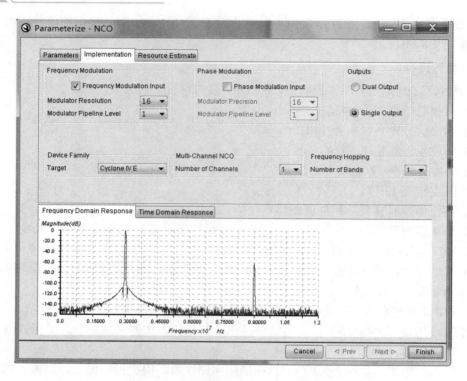

图 8.26　FSK 调制器 NCO 参数设置(二)

3. FSK 调制器实现与仿真

FSK 调制器 FPGA 实现程序如下：

```
//fsk1.v 程序清单
//设计参数：中心频率为 3 MHz，频率偏移量为+1.2 MHz、−1.2 MHz，基带速率为 0.5 Mb/s
module fsk1 (rst,clk,din,dout);
input    rst;              //复位信号，高电平有效
input    clk;              //时钟 24 MHz
input    din;              //数字基带信号
output signed [11:0] dout;
//NCO IP 核接口信号
wire reset_n,out_valid,clken;
wire [15:0] carrier;
wire signed [15:0] frequency_df;
assign reset_n = !rst;
assign clken = 1'b1;
assign carrier=15'd8192;         //设置中心频率
//实例化 NCO IP 核
fsk_nco u0 (.phi_inc_i (carrier),.clk (clk),
.reset_n (reset_n),.clken (clken),
```

```
.freq_mod_i (frequency_df),.fsin_o (dout),
.out_valid (out_valid));
//根据数字基带信号的高、低电平，设置频率调制器的频率偏移量控制字
assign frequency_df = (din)?16'd3277:-16'd3277;
endmodule
```

ModelSim 仿真激励源程序如下：

```
//fsk1.vt 程序清单
// Verilog Test Bench template for design : fsk1
// Simulation tool : ModelSim-Altera (Verilog)
`timescale 1 ns/ 1 ns
module fsk1_vlg_tst();
reg clk;
reg din;
reg rst;
wire [11:0]    dout;
// assign statements (if any)
fsk1 i1 (.clk(clk),.din(din),.dout(dout),.rst(rst));
parameter clk_period=42;                    //设置时钟信号周期为 24 MHz
parameter clk_half_period=clk_period/2;
parameter data_period=clk_period*48;        //设置数据周期为 0.5 MHz
parameter data_num=200;                     //仿真数据长度
parameter time_sim=data_num*data_period;    //仿真时间
initial
begin
//设置输入信号初值
din=1'd0;
//设置时钟信号初值
clk=1;
//设置复位信号
rst=1;
#110 rst=0;
//设置仿真时间
#360000 $finish;
end
//产生时钟信号
always
#clk_half_period clk=~clk;
//传输数据
always
```

#data_period din=~din;

　　endmodule

　　ModelSim 仿真波形如图 8.27 和图 8.28 所示。由图 8.27 可以看出，1 个数据周期包含 48 个时钟周期，即数据周期为时钟周期的 48 倍，与设计要求一致。由图 8.28 可以看出，输出信号为 FSK 调制信号，且数字基带信号为高电平时输出信号的频率和数字基带信号为低电平时输出信号的频率与设计预期完全相符，验证了采用 NCO IP 核实现 FSK 调制的有效性。

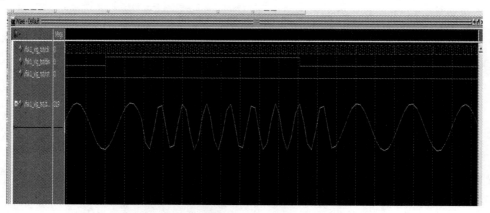

图 8.27　仿真数据周期与时钟周期的关系

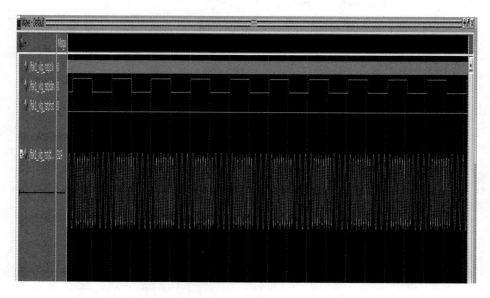

图 8.28　仿真基于 NCO IP 核产生 FSK 信号的波形以及频率关系

　　上面通过两个设计讨论了数控振荡器在信号调制方面的应用。除此之外，数控振荡器在信号相干解调方面也有着非常广泛的应用，具体内容可参考相关书籍。这里需要说明的是，为了利用 NCO 产生频率精准的信号，应厘清时钟频率与输出信号频率之间的关系，并精心设计时钟频率，否则，输出信号的频率会存在一定误差。

附录

附录 1　信号源数据文件(.mif)

//signal_rom.mif

WIDTH=12;
DEPTH=14503;

ADDRESS_RADIX=UNS;
DATA_RADIX=UNS;

CONTENT BEGIN
0 : 2158;
1 : 1628;
2 : 1446;
3 : 1962;
4 : 2014;
5 : 1865;
6 : 2122;
7 : 2369;
8 : 1974;
9 : 2138;
10 : 1714;
11 : 2234;
12 : 2274;
13 : 2335;
14 : 1835;
15 : 1860;
16 : 1121;
17 : 2256;
18 : 1923;
19 : 1914;
20 : 2396;
21 : 2064;

....

14493 : 2176;

14494 : 2168;

14495 : 1978;

14496 : 1620;

14497 : 2116;

14498 : 2312;

14499 : 2135;

14500 : 1938;

14501 : 2467;

14502 : 1804;

END;

附录 2　滤波器量化前后的系数

系数量化前(b)	系数量化后(q_b)	系数量化前(b)	系数量化后(q_b)
0.000000000000	0	0.216305436307	1800
−0.000322982666	−3	0.152593429363	1270
−0.000399420019	−3	0.075920533708	632
0.000132157527	1	0.008942659326	74
0.001121978331	9	−0.032353021553	−269
0.001883869498	16	−0.043387338172	−361
0.001610214166	13	−0.030736578679	−256
−0.000000000000	0	−0.007604694674	−63
−0.002325864907	−19	0.012549105315	104
−0.003980698157	−33	0.021327080505	178
−0.003569931052	−30	0.017607373956	147
−0.000669178589	−6	0.006253828049	52
0.003594780173	30	−0.005484126135	−46
0.006850632343	57	−0.011858027358	−99
0.006693743801	56	−0.010986677836	−91
0.002236674904	19	−0.004910519471	−41
−0.004910519471	−41	0.002236674904	19
−0.010986677836	−91	0.006693743801	56
−0.011858027358	−99	0.006850632343	57
−0.005484126135	−46	0.003594780173	30
0.006253828049	52	−0.000669178589	-6
0.017607373956	147	−0.003569931052	−30
0.021327080505	178	−0.003980698157	−33
0.012549105315	104	−0.002325864907	−19
−0.007604694674	−63	−0.000000000000	0
−0.030736578679	−256	0.001610214166	13
−0.043387338172	−361	0.001883869498	16
−0.032353021553	−269	0.001121978331	9
0.008942659326	74	0.000132157527	1
0.075920533708	632	−0.000399420019	−3
0.152593429363	1270	−0.000322982666	−3
0.216305436307	1800	0.000000000000	0
0.245931123993	2047		

附录 3 信号源数据文件(.mif)

//data_rom.mif

WIDTH=12;	44 : 805;	95 : 1759;	146 : 2237;
DEPTH=1000;	45 : 1651;	96 : 2017;	147 : 1624;
	46 : 2306;	97 : 1515;	148 : 731;
ADDRESS_RADIX=UNS;	47 : 1488;	98 : 523;	149 : 1290;
DATA_RADIX=UNS;	48 : 686;	99 : 1571;	150 : 2453;
	49 : 1028;	100 : 2542;	151 : 2815;
CONTENT BEGIN	50 : 2277;	101 : 3073;	152 : 2240;
0 : 2792;	51 : 3249;	102 : 2572;	153 : 1717;
1 : 2942;	52 : 2428;	103 : 1732;	154 : 1869;
2 : 2634;	53 : 1873;	104 : 2155;	155 : 3244;
3 : 1835;	54 : 1963;	105 : 3136;	156 : 3909;
4 : 2466;	55 : 3457;	106 : 3839;	157 : 2725;
5 : 3501;	56 : 3702;	107 : 3179;	158 : 1723;
6 : 3755;	57 : 3247;	108 : 2059;	159 : 2212;
7 : 2675;	58 : 2279;	109 : 2231;	160 : 3077;
8 : 2257;	59 : 2199;	110 : 2805;	161 : 2901;
9 : 2098;	60 : 3001;	111 : 3149;	162 : 1919;
10 : 3081;	61 : 3502;	112 : 2441;	163 : 922;
11 : 3429;	62 : 2467;	113 : 1255;	164 : 1193;
12 : 2535;	63 : 1231;	114 : 1107;	165 : 1668;
13 : 1294;	64 : 1350;	115 : 2015;	166 : 2139;
14 : 914;	65 : 2078;	116 : 2429;	167 : 1431;
15 : 1905;	66 : 2121;	117 : 1042;	168 : 526;
16 : 2525;	67 : 1199;	118 : 448;	169 : 711;
17 : 1625;	68 : 270;	119 : 274;	170 : 1367;
18 : 317;	69 : 603;	120 : 1592;	171 : 2133;
19 : 847;	70 : 1804;	121 : 2031;	172 : 1496;
20 : 1349;	71 : 2034;	122 : 1790;	173 : 719;
21 : 2064;	72 : 1766;	123 : 489;	174 : 1003;
22 : 1749;	73 : 865;	124 : 1421;	175 : 2605;
23 : 485;	74 : 1151;	125 : 2806;	176 : 3261;
24 : 993;	75 : 2624;	126 : 3458;	177 : 2716;
25 : 2284;	76 : 3157;	127 : 2758;	178 : 1830;
26 : 2920;	77 : 2524;	128 : 1803;	179 : 2237;
27 : 2632;	78 : 1977;	129 : 2199;	180 : 3065;
28 : 1690;	79 : 2283;	130 : 3128;	181 : 3751;
29 : 1995;	80 : 3523;	131 : 3882;	182 : 3149;
30 : 2993;	81 : 4095;	132 : 2880;	183 : 2305;
31 : 3952;	82 : 3017;	133 : 2351;	184 : 1981;
32 : 2965;	83 : 2297;	134 : 2289;	185 : 2836;
33 : 2332;	84 : 1913;	135 : 2943;	186 : 3479;
34 : 2112;	85 : 3329;	136 : 3397;	187 : 2066;
35 : 2948;	86 : 3075;	137 : 2091;	188 : 1339;
36 : 3466;	87 : 2080;	138 : 1091;	189 : 1411;
37 : 2265;	88 : 1388;	139 : 1428;	190 : 1787;
38 : 930;	89 : 1295;	140 : 2093;	191 : 2051;
39 : 1251;	90 : 1722;	141 : 2033;	192 : 1036;
40 : 2199;	91 : 1897;	142 : 1573;	193 : 92;
41 : 1902;	92 : 1610;	143 : 466;	194 : 675;
42 : 1465;	93 : 174;	144 : 331;	195 : 1439;
43 : 296;	94 : 443;	145 : 1450;	196 : 2398;

```
197 : 1314;      254 : 2400;      311 : 3322;      368 : 609;
198 : 595;       255 : 3608;      312 : 2454;      369 : 547;
199 : 1575;      256 : 4019;      313 : 849;       370 : 1960;
200 : 2445;      257 : 2912;      314 : 1436;      371 : 1924;
201 : 3017;      258 : 2121;      315 : 2252;      372 : 1787;
202 : 2435;      259 : 2292;      316 : 2298;      373 : 1002;
203 : 1753;      260 : 2795;      317 : 1175;      374 : 1201;
204 : 2128;      261 : 3506;      318 : 632;       375 : 2568;
205 : 3385;      262 : 2295;      319 : 589;       376 : 3432;
206 : 3526;      263 : 1222;      320 : 1807;      377 : 2657;
207 : 2688;      264 : 953;       321 : 2111;      378 : 1673;
208 : 2010;      265 : 2002;      322 : 1849;      379 : 2100;
209 : 2387;      266 : 2522;      323 : 528;       380 : 3110;
210 : 3298;      267 : 1230;      324 : 1275;      381 : 3778;
211 : 3070;      268 : 484;       325 : 2344;      382 : 2940;
212 : 2017;      269 : 506;       326 : 3369;      383 : 2014;
213 : 1386;      270 : 1736;      327 : 2450;      384 : 2211;
214 : 955;       271 : 2299;      328 : 1967;      385 : 2711;
215 : 2068;      272 : 1466;      329 : 1897;      386 : 3104;
216 : 2546;      273 : 760;       330 : 3225;      387 : 2322;
217 : 1454;      274 : 1344;      331 : 3783;      388 : 911;
218 : 630;       275 : 2715;      332 : 2958;      389 : 1216;
219 : 246;       276 : 3038;      333 : 2081;      390 : 1796;
220 : 1403;      277 : 2511;      334 : 2215;      391 : 2288;
221 : 2380;      278 : 1909;      335 : 2740;      392 : 1346;
222 : 1488;      279 : 2245;      336 : 3501;      393 : 354;
223 : 1084;      280 : 3470;      337 : 2421;      394 : 608;
224 : 1398;      281 : 3792;      338 : 1330;      395 : 1950;
225 : 2613;      282 : 3190;      339 : 1348;      396 : 2056;
226 : 3021;      283 : 2031;      340 : 2084;      397 : 1469;
227 : 2335;      284 : 1922;      341 : 2025;      398 : 688;
228 : 1611;      285 : 3139;      342 : 1188;      399 : 1179;
229 : 1990;      286 : 3558;      343 : 464;       400 : 2340;
230 : 3270;      287 : 2457;      344 : 605;       401 : 3053;
231 : 4026;      288 : 1271;      345 : 1350;      402 : 2564;
232 : 2995;      289 : 1123;      346 : 1884;      403 : 1996;
233 : 2253;      290 : 1707;      347 : 1380;      404 : 2068;
234 : 2109;      291 : 2341;      348 : 757;       405 : 3059;
235 : 2974;      292 : 1251;      349 : 1221;      406 : 3746;
236 : 3197;      293 : 134;       350 : 2764;      407 : 2980;
237 : 2189;      294 : 625;       351 : 3191;      408 : 1708;
238 : 1405;      295 : 1869;      352 : 2446;      409 : 2247;
239 : 798;       296 : 2282;      353 : 1830;      410 : 3155;
240 : 1831;      297 : 1875;      354 : 2266;      411 : 3082;
241 : 1922;      298 : 1133;      355 : 3092;      412 : 2086;
242 : 1473;      299 : 939;       356 : 4008;      413 : 1274;
243 : 480;       300 : 2391;      357 : 3312;      414 : 1327;
244 : 908;       301 : 3158;      358 : 2103;      415 : 2299;
245 : 1685;      302 : 2400;      359 : 1815;      416 : 2211;
246 : 2096;      303 : 1911;      360 : 3215;      417 : 1616;
247 : 1331;      304 : 1894;      361 : 3305;      418 : 345;
248 : 904;       305 : 3371;      362 : 2385;      419 : 787;
249 : 1397;      306 : 3921;      363 : 855;       420 : 1873;
250 : 2402;      307 : 3316;      364 : 1083;      421 : 1937;
251 : 2792;      308 : 2209;      365 : 1884;      422 : 1464;
252 : 2507;      309 : 2298;      366 : 2002;      423 : 833;
253 : 2017;      310 : 2957;      367 : 1569;      424 : 1387;
```

425 : 2533;	483 : 2303;	541 : 2020;	599 : 1253;
426 : 3099;	484 : 1864;	542 : 1260;	600 : 2755;
427 : 2525;	485 : 2707;	543 : 226;	601 : 3426;
428 : 1564;	486 : 3050;	544 : 764;	602 : 2450;
429 : 2162;	487 : 2543;	545 : 1523;	603 : 1802;
430 : 3232;	488 : 835;	546 : 2258;	604 : 2181;
431 : 3650;	489 : 973;	547 : 1867;	605 : 3084;
432 : 3241;	490 : 2308;	548 : 821;	606 : 3537;
433 : 2215;	491 : 2033;	549 : 1543;	607 : 3024;
434 : 2441;	492 : 1341;	550 : 2709;	608 : 2192;
435 : 3042;	493 : 236;	551 : 3409;	609 : 2066;
436 : 2900;	494 : 697;	552 : 2299;	610 : 2907;
437 : 2314;	495 : 1961;	553 : 2057;	611 : 3084;
438 : 1347;	496 : 2345;	554 : 2478;	612 : 2499;
439 : 1458;	497 : 1649;	555 : 3089;	613 : 1218;
440 : 1780;	498 : 568;	556 : 3528;	614 : 958;
441 : 2367;	499 : 964;	557 : 3181;	615 : 2294;
442 : 1357;	500 : 2156;	558 : 2189;	616 : 2324;
443 : 673;	501 : 2981;	559 : 2238;	617 : 1158;
444 : 725;	502 : 2777;	560 : 3176;	618 : 502;
445 : 1464;	503 : 2175;	561 : 3341;	619 : 692;
446 : 2130;	504 : 1872;	562 : 2509;	620 : 1401;
447 : 1313;	505 : 3540;	563 : 977;	621 : 1839;
448 : 1137;	506 : 3867;	564 : 1079;	622 : 1374;
449 : 1141;	507 : 3043;	565 : 1774;	623 : 558;
450 : 2179;	508 : 1864;	566 : 1913;	624 : 946;
451 : 3299;	509 : 2354;	567 : 1057;	625 : 2726;
452 : 2830;	510 : 2842;	568 : 617;	626 : 2908;
453 : 1699;	511 : 3403;	569 : 471;	627 : 2244;
454 : 2031;	512 : 2357;	570 : 1626;	628 : 2004;
455 : 3617;	513 : 938;	571 : 2445;	629 : 2225;
456 : 3534;	514 : 1203;	572 : 1351;	630 : 3170;
457 : 3302;	515 : 2040;	573 : 1065;	631 : 3695;
458 : 2176;	516 : 2337;	574 : 1345;	632 : 2671;
459 : 2372;	517 : 1127;	575 : 2752;	633 : 2303;
460 : 2805;	518 : 471;	576 : 3117;	634 : 2384;
461 : 3200;	519 : 355;	577 : 2897;	635 : 2836;
462 : 1963;	520 : 1676;	578 : 1759;	636 : 3278;
463 : 1371;	521 : 2248;	579 : 2222;	637 : 2017;
464 : 1176;	522 : 1662;	580 : 3106;	638 : 1196;
465 : 1846;	523 : 939;	581 : 3786;	639 : 1019;
466 : 2144;	524 : 1495;	582 : 2949;	640 : 2077;
467 : 1592;	525 : 2155;	583 : 2147;	641 : 2476;
468 : 291;	526 : 2996;	584 : 2253;	642 : 1388;
469 : 290;	527 : 2752;	585 : 3314;	643 : 705;
470 : 1445;	528 : 1714;	586 : 3021;	644 : 778;
471 : 1858;	529 : 2490;	587 : 1984;	645 : 1413;
472 : 1581;	530 : 3444;	588 : 1176;	646 : 2390;
473 : 562;	531 : 3495;	589 : 1453;	647 : 1326;
474 : 1254;	532 : 2710;	590 : 1645;	648 : 913;
475 : 2226;	533 : 1707;	591 : 2480;	649 : 1354;
476 : 3309;	534 : 1950;	592 : 1020;	650 : 2671;
477 : 2477;	535 : 3014;	593 : 392;	651 : 3044;
478 : 2064;	536 : 3202;	594 : 370;	652 : 2522;
479 : 1892;	537 : 2386;	595 : 1796;	653 : 1833;
480 : 3389;	538 : 1188;	596 : 1994;	654 : 2274;
481 : 4090;	539 : 1140;	597 : 1831;	655 : 3102;
482 : 2859;	540 : 1679;	598 : 572;	656 : 3446;

657 : 3199;	714 : 1103;	771 : 2224;	828 : 1938;
658 : 2048;	715 : 2244;	772 : 1564;	829 : 2031;
659 : 1940;	716 : 2081;	773 : 923;	830 : 3081;
660 : 2733;	717 : 1046;	774 : 1112;	831 : 3887;
661 : 2997;	718 : 362;	775 : 2303;	832 : 3305;
662 : 2185;	719 : 908;	776 : 3068;	833 : 2253;
663 : 1069;	720 : 1936;	777 : 2425;	834 : 2428;
664 : 830;	721 : 2205;	778 : 1962;	835 : 2874;
665 : 2269;	722 : 1639;	779 : 2498;	836 : 3073;
666 : 1991;	723 : 1004;	780 : 3216;	837 : 2273;
667 : 1263;	724 : 971;	781 : 3827;	838 : 903;
668 : 250;	725 : 2147;	782 : 2743;	839 : 937;
669 : 354;	726 : 3154;	783 : 1813;	840 : 1776;
670 : 1919;	727 : 2227;	784 : 1985;	841 : 2332;
671 : 2043;	728 : 1812;	785 : 3042;	842 : 1038;
672 : 1695;	729 : 1993;	786 : 3221;	843 : 194;
673 : 758;	730 : 3518;	787 : 2556;	844 : 693;
674 : 1171;	731 : 3865;	788 : 950;	845 : 1521;
675 : 2490;	732 : 2673;	789 : 1119;	846 : 2032;
676 : 2900;	733 : 2304;	790 : 1987;	847 : 1686;
677 : 2579;	734 : 2313;	791 : 2428;	848 : 1128;
678 : 1941;	735 : 3280;	792 : 1133;	849 : 988;
679 : 1871;	736 : 3406;	793 : 657;	850 : 2192;
680 : 3552;	737 : 2167;	794 : 867;	851 : 2870;
681 : 3991;	738 : 1017;	795 : 1318;	852 : 2335;
682 : 3137;	739 : 1136;	796 : 2346;	853 : 2124;
683 : 2012;	740 : 2013;	797 : 1840;	854 : 1953;
684 : 1852;	741 : 2410;	798 : 1032;	855 : 3402;
685 : 3221;	742 : 1532;	799 : 1527;	856 : 3627;
686 : 3022;	743 : 368;	800 : 2281;	857 : 2812;
687 : 2211;	744 : 785;	801 : 3244;	858 : 2183;
688 : 801;	745 : 1630;	802 : 2852;	859 : 2169;
689 : 1004;	746 : 1962;	803 : 1738;	860 : 3303;
690 : 2224;	747 : 1590;	804 : 2264;	861 : 3115;
691 : 2457;	748 : 932;	805 : 3401;	862 : 2387;
692 : 1229;	749 : 1359;	806 : 3447;	863 : 1434;
693 : 637;	750 : 2787;	807 : 3330;	864 : 1189;
694 : 566;	751 : 3309;	808 : 2310;	865 : 2227;
695 : 1691;	752 : 2723;	809 : 2266;	866 : 2398;
696 : 2243;	753 : 2094;	810 : 2962;	867 : 1260;
697 : 1646;	754 : 2534;	811 : 3367;	868 : 532;
698 : 898;	755 : 3325;	812 : 2323;	869 : 350;
699 : 1365;	756 : 3872;	813 : 996;	870 : 1959;
700 : 2493;	757 : 3201;	814 : 1376;	871 : 1957;
701 : 3271;	758 : 2003;	815 : 1705;	872 : 1724;
702 : 2572;	759 : 2152;	816 : 2087;	873 : 896;
703 : 1917;	760 : 2780;	817 : 1068;	874 : 1009;
704 : 2517;	761 : 2979;	818 : 309;	875 : 2167;
705 : 3541;	762 : 2057;	819 : 466;	876 : 2982;
706 : 3661;	763 : 864;	820 : 1951;	877 : 2882;
707 : 3062;	764 : 890;	821 : 2394;	878 : 2151;
708 : 1787;	765 : 1940;	822 : 1372;	879 : 2015;
709 : 1968;	766 : 2425;	823 : 508;	880 : 3634;
710 : 3209;	767 : 1193;	824 : 903;	881 : 3907;
711 : 3344;	768 : 191;	825 : 2536;	882 : 2700;
712 : 1918;	769 : 857;	826 : 3291;	883 : 2106;
713 : 1174;	770 : 1314;	827 : 2770;	884 : 2063;

885 : 2809;	914 : 1141;	943 : 96;	972 : 1347;
886 : 3014;	915 : 1692;	944 : 762;	973 : 972;
887 : 1961;	916 : 1904;	945 : 1969;	974 : 945;
888 : 797;	917 : 1111;	946 : 2310;	975 : 2801;
889 : 1330;	918 : 613;	947 : 1728;	976 : 2927;
890 : 1641;	919 : 837;	948 : 640;	977 : 2331;
891 : 2486;	920 : 1437;	949 : 1032;	978 : 1939;
892 : 1242;	921 : 2498;	950 : 2325;	979 : 1860;
893 : 529;	922 : 1680;	951 : 3271;	980 : 3211;
894 : 898;	923 : 1071;	952 : 2886;	981 : 3632;
895 : 1415;	924 : 1225;	953 : 1938;	982 : 2692;
896 : 1935;	925 : 2483;	954 : 2231;	983 : 1762;
897 : 1409;	926 : 2981;	955 : 3559;	984 : 2074;
898 : 499;	927 : 2263;	956 : 3990;	985 : 3218;
899 : 1142;	928 : 1683;	957 : 3117;	986 : 3482;
900 : 2164;	929 : 1987;	958 : 2155;	987 : 1924;
901 : 3325;	930 : 3606;	959 : 2353;	988 : 1287;
902 : 2901;	931 : 3528;	960 : 3323;	989 : 1370;
903 : 1580;	932 : 2671;	961 : 3221;	990 : 2124;
904 : 2284;	933 : 1950;	962 : 2464;	991 : 2538;
905 : 3073;	934 : 2270;	963 : 1228;	992 : 1448;
906 : 3655;	935 : 3268;	964 : 1002;	993 : 543;
907 : 2754;	936 : 3294;	965 : 2078;	994 : 474;
908 : 1850;	937 : 2015;	966 : 2132;	995 : 1910;
909 : 2065;	938 : 1008;	967 : 1640;	996 : 2060;
910 : 2755;	939 : 952;	968 : 370;	997 : 1236;
911 : 3054;	940 : 1635;	969 : 301;	998 : 967;
912 : 2539;	941 : 2159;	970 : 1767;	999 : 1550;
913 : 1058;	942 : 1444;	971 : 2174;	END;

参 考 文 献

[1] 杜勇. 数字滤波器的 MATLAB 与 FPGA 实现：Altera/Verilog 版[M]. 2 版. 北京：电子工业出版社，2019.

[2] 杜勇. 数字调制解调技术的 MATLAB 与 FPGA 实现：Altera/Verilog 版[M]. 2 版. 北京：电子工业出版社，2021.

[3] 杜勇. 数字通信同步技术的 MATLAB 与 FPGA 实现：Altera/Verilog 版[M]. 2 版. 北京：电子工业出版社，2022.

[4] 王金明. 数字系统设计与 Verilog HDL[M]. 7 版. 北京：电子工业出版社. 2020.

[5] 樊昌信，曹丽娜. 通信原理[M]. 7 版. 北京：国防工业出版社，2016.

[6] 杨小牛，楼才义，徐建良. 软件无线电原理与应用[M]. 北京：电子工业出版社，2001.

[7] 田孝华，刘小虎，胡亚维. 电子系统设计与工程应用[M]. 西安：西安电子科技大学出版社，2021.

[8] 丛良玉. 数字信号处理原理及其 MATLAB 实现[M]. 北京：电子工业出版社，2015.

[9] 刘靳，刘笃仁. Verilog 程序设计与 EDA[M]. 西安：西安电子科技大学出版社，2012.

[10] 谢嘉奎，宣月清. 电子线路(非线性部分)[M]. 2 版. 北京：高等教育出版社，1986.

[11] 张有正，陈尚勤，周正中. 频率合成技术[M]. 北京：人民邮电出版社，1984.

[12] 张厥盛，郑继禹，万心平. 锁相技术[M]. 西安：西安电子科技大学出版社，1998.

[13] 张欣. 扩频通信数字基带信号处理算法及其 VLSI 实现[M]. 北京：科学出版社，2004.

[14] 郭梯云，刘增基，詹道庸. 数据传输[M]. 2 版. 北京：人民邮电出版社，1998.

[15] 周其焕，等. 微波着陆系统[M]. 北京：国防工业出版社，1992.

[16] 杜勇. FPGA 数字信号处理板(CRD500)用户手册 V1.1[EB]. 成都米恩电子，2020.

[17] Altera IP 核用户手册. NCO MegaCore Function User Guide. 2013.

[18] Altera IP 核用户手册. FIR Compiler User Guide. 2009.

[19] Altera IP 核用户手册. FIR II IP Core User Guide. 2016.

[20] Altera IP 核用户手册. ALTPLL (Phase-Locked Loop) IP Core User Guide. 2017.

[21] Altera IP 核用户手册. Intel FPGA Integer Arithmetic IP Cores User Guide. 2020.

[22] Altera IP 核用户手册. Internal Memory (RAM and ROM)User Guide. 2014.

[23] Altera IP 核用户手册. RAM-Based Shift Register (ALTSHIFT_TAPS) IP Core User Guide. 2014.

[24] Altera IP 核用户手册. RAM Initializer (ALTMEM_INIT) Mega Function User Guide. 2008.

[25] 刘东华. Altera 系列 FPGA 芯片 IP 核详解[M]. 北京：电子工业出版社，2014.

[26] 王旭东，潘明海. 数字信号处理的 FPGA 实现[M]. 北京：清华大学出版社，2011.

[27] 张志涌，杨祖樱. MATLAB 教程[M]. 北京：北京航空航天大学出版社，2010.